T0245435

CAMBRIDGE LIBRARY COLLECTION

Books of enduring scholarly value

Mathematics

From its pre-historic roots in simple counting to the algorithms powering modern desktop computers, from the genius of Archimedes to the genius of Einstein, advances in mathematical understanding and numerical techniques have been directly responsible for creating the modern world as we know it. This series will provide a library of the most influential publications and writers on mathematics in its broadest sense. As such, it will show not only the deep roots from which modern science and technology have grown, but also the astonishing breadth of application of mathematical techniques in the humanities and social sciences, and in everyday life.

Oeuvres de Desargues

The French mathematician and engineer Gérard Desargues (1591–1661) was one of the founders of projective geometry. Desargues' theorem is named in the honour of this prolific writer of treatises on geometry and its application to the arts and architecture. His important writings, which had been lost, were published in 1864 by the mathematician and scientific historian Noël-Germinal Poudra (1794–1894). Poudra's two-volume edition, republished here, reveals the major role played by Desargues in the scientific debates of the seventeenth century. It includes a biography of Desargues, in which Poudra discusses his role as architect, as well as his influence on famous scientists of his time including Pascal and Descartes. Volume 2 contains Poudra's analysis of the works of the engraver Abraham Bosse (1603–76), which develop some of Desargues' ideas. It also reproduces some of the – often critical – responses to Desargues' work by his contemporaries.

Oeuvres de Desargues

Volume 2

Edited by
Noël Germinal Poudra

CAMBRIDGE UNIVERSITY PRESS

Cambridge, New York, Melbourne, Madrid, Cape Town,
Singapore, São Paolo, Delhi, Tokyo, Mexico City

Published in the United States of America by Cambridge University Press, New York

www.cambridge.org
Information on this title: www.cambridge.org/9781108032582

This edition first published 1864
This digitally printed version 2011

ISBN 978-1-108-03258-2 Paperback

ŒUVRES

DE DESARGUES

OUVRAGES DU MÊME AUTEUR,

(M. POUDRA.)

Ombres, comprenant la détermination des effets produits par la lumière
sur les corps et les moyens de les rendre par le LAVIS.

Perspective, contenant l'exposition, de la méthode des échelles de Desargues, de celle des points de concours et conduisant à représenter en Perspective, un sujet donné, sans le secours des plans, au moyen de simples
croquis cotés.

Architecture, ou cours de construction.

Gnomonique, ramenée au simple tracé d'un cadran horizontal.

Machines, ou traité de Mécanique pratique.

(Ces cinq parties sont le texte des leçons professées à l'École d'état-major, par
l'auteur, elles forment 3 vol. in-fol. lithographiés.)

Traité de Perspective-Relief, comprenant la construction des bas-reliefs,
le tracé des décorations théâtrales, une théorie des apparences avec des
applications aux décorations architecturale et au tracé des parcs et jar-
dins. — Précédé du rapport fait sur cet ouvrage, à l'Académie des sciences,
par MM. le général Poncelet, et Chasles rapporteur.

(Un vol. in-8., chez Leiber.)

Histoire de la perspective ancienne et moderne, contenant l'exposition
de toutes les méthodes connues de Perspective, et une analyse des ouvrages sur cette science.

(Imprimée, en partie, dans le *Journal des Sciences militaires* de Corréard,
1860-61. *La fin est sous presse.*)

Examen critique du Traité de perspective de M. D. L. G.

(Journal des Sciences militaires, année 1859, brochure.)

Question de probabilité, avec applications aux opérations géodésiques.

(Conjointement avec le colonel HOSSARD, brochure, chez Leiber.)

Divers mémoires de géométrie, (*dans les Annales de mathématiques*
de O. TERQUEM, *années* 1855-56-57-58...)

Seeaux. — Imprimerie de E. Dépée.

OEUVRES

DE

DESARGUES

REUNIES ET ANALYSEES

PAR M. POUDRA,

Officier supérieur d'état-major en retraite, ancien élève de l'École polytechnique,
auteur d'un Traité de Perspective-relief, etc.,

PRÉCÉDÉES

D'UNE NOUVELLE BIOGRAPHIE DE DESARGUES,

SUIVIES DE

L'Analyse des ouvrages de Bosse, élève et ami de Desargues;
De Notices sur Desargues extraites de la vie de Descartes, par Baillet;
et des lettres de Descartes;
De Notices diverses sur Desargues, par le P. Colonia, Pernetty,
MM. Poncelet et Chasles;
De Notices sur la Perspective d'Aleaume et Migon; —
Sur celle de Niceron; — Sur celle de Grégoire Huret;
et d'un Recueil très-rare de divers libelles publiés contre Desargues.

TOME II.

—

Avec planches.

—

PARIS

LÉIBER, ÉDITEUR,

RUE DE SEINE-SAINT-GERMAIN, 13.

—

1864

ANALYSE

des ouvrages d'Abraham BOSSE,

ÉLÈVE ET AMI DE DESARGUES.

PRÉLIMINAIRE.

Toutes les idées de Desargues, sur les sciences, ne sont pas renfermées dans les ouvrages que nous venons de donner; il n'a composé, comme on peut le voir, que des mémoires très-courts et concis, et renfermant les principes généraux de la science, laissant à d'autres, comme il le dit, le soin de débrouiller ses brouillons; ils offrent en effet matière à de gros volumes.

Son élève et ami, le célèbre graveur Abraham Bosse est celui qui, du consentement de Desargues, s'est chargé de développer, dans un grand nombre d'ouvrages, les idées de son maître, sur la perspective, la coupe des pierres, la gnomonique, et aussi sur l'architecture; de sorte que les ouvrages de Bosse renferment beaucoup de propositions curieuses qui lui ont été communiquées par Desargues, et qui ne se trouvent pas indiquées dans les originaux de ce dernier. Ainsi, pour faire connaître tout ce qu'on doit à ce profond géomètre, il faut analyser les ouvrages de Bosse, qui renferment encore beaucoup de renseignements curieux sur la vie et les travaux de celui dont il fut toujours l'ami.

Les ouvrages de Bosse doivent se partager en deux parties : ceux sur la perspective, la coupe des pierres, la gnomonique qui portent en tête une reconnaissance de Desargues, certifiant que tout ce qu'ils renferment est conforme aux idées que Bosse a reçues de lui ; et ensuite ceux que Bosse fit après le départ de Desargues pour Lyon et même après sa mort, et où les idées de Bosse sont mêlées avec celles de Desargues et ne présentent pas la même certitude pour l'origine.

COUPE DES PIERRES.

————

« Le premier ouvrage qui porte le nom de Bosse
« a pour titre : *La pratique dv trait à prevves de*
« *M. Desargues Lyonnois, pour la coupe des pierres*
« *en l'architecture. Paris,* 1643.

Il est dédié à Monseigneur Segvier, chancelier
de France.

Dans cette dédicace, on doit y remarquer cette
phrase :

« — Dans ce merueilleux discernement des es-
« prits que vous auez, vous jugerez bien que je ne
« puis estre l'autheur d'vne manière d'opérer si
« nouuelle et si facile, et que je n'ay pas assez d'es-
« prit pour avoir inventé des choses qui sont in-
« connuës aux artisans les plus experts. Mais, Mon-
« seigneur, quand j'auoüeray le larcin que j'ay fait
« à M. Desargues, je ne pense pas que vous con-
« damniez la hardiesse que je prens de vous en
« faire le dépositaire, et je suis assuré que tous les

« scauans m'auront de l'obligation d'auoir si bien
« bien mesnagé les conuersations que j'ay eües
« auec cet excellent esprit, que j'en aye tiré un
« thrésor que sa modestie voulait toujours tenir
« caché Après tout, si c'est un crime, je croy
« qu'on peut dire qu'il est innocent, et qu'au lieu
« de le blasmer, il mérite quelque loüange, puis-
« que je cède à l'autheur toute la gloire qui lui est
« deüe pour vne si belle invention ; que ie donne
« au public vne chose qui lui appartient, et que ie
« n'y prétends aucun intérest que l'honneur de
« vous la présenter et de marquer auec ma plume
« et mon burin, la passion que j'ay d'estre reconnu
« par tout, Monseigneur, etc.

Nous avons rapporté ce passage, afin de faire
bien comprendre la part qui revient à Desargues et
à Bosse, dans la composition de cet ouvrage. Ainsi
on y voit que les idées sont de Desargues et le texte
et les gravures de Bosse.

L'ouvrage commence par un avis *av lisevr* qui
contient quelques indications, sur la notation employée, puis un erratum : il se termine par le passage suivant :

« Et d'autant que dans mon priuilége qui est du
« mois de novembre 1642, il y a, que j'ay tous

« prests à mettre en lumière des exemples du trait
« pour la coupe des pierres, des cadrans et de la
« perspectiue par les manières vniuerselles de Mon-
« sieur Desargues : et que ladite perspective se pra-
« tique à la maniere dont on trauaille en géometral
« et qu'au mois d'aoust suiuant, 1643, comme on
« acheuoit d'imprimer ce volume ; il a paru vn
« liure intitulé, *La Perspectiue speculatiue et pra-*
« *tique*, dans lequel, page 61, il y a que *la matiere*
« *qu'il contient est nouuelle et différente de toutes*
« *celles qu'on veu iusques à présent*. Et en la page
« 154 il y a : qu'elle enseigne à *réduire en perspec-*
« *tiue aussi facilement qu'on réduiroit au petit pied ;*
« *ce qui n'a encore iamais esté veu jusqu'aujour-*
« *d'huy*. l'ay creu estre obligé d'auertir ceux qui
« n'auroient pas veu les escrits de Monsieur Desar-
« gues, pour lequel il a le priuilège du mois de fé-
« urier 1630 que sa manière de perspectiue est ce-
« la mesme dont ce liure dit en aoust 1643 *qu'il*
« *n'a encore esté veu iusques aujourd'huy* : c'est à
« sçauoir, *la naturelle* conformité de la pratique du
« petit pied en perspectiue, auec la pratique du
« petit pied en géometral.
      « Vn peu d'augmentation en ces ouurages et
« d'autres occupations que i'ay eu à l'ordinaire,

« ont retardé mon dessein de vous donner ces trois
« liures iusqu'à présent, que i'ay pris à tasche de
« mettre (pour cause) celuy-cy le premier au iour ;
« et le faire suiure aussi tost des autres deux.

« Ie ne vous y donneray pas du mien, les plus
« beaux ouurages de main qu'on sauroit voir :
« mais i'ose esperer qu'au iugement de ceux qui
« n'ont de passion que pour la vérité : ie vous
« donneray, Dieu aydant, des pensées de M. De-
« sargues sur ces matieres, aussi bien accommo-
« dées à l'usage effectif des ouuriers, qu'aucune
« dont le public ait encore eu part, et quand ie di-
« ray les meilleurs pour eux, ie ne pense pas que
« ie m'en doiue dédire. »

Ce passage est, comme on le verra, une réclama-
tion de Bosse contre la perspective d'Aleaume revu
par Migon, ouvrage emprunté, dit-il, à la perspective de Desargues de 1636.

A la suite de cet avis au liseur, se trouve un
avant-propos, puis un avertissement que Bosse a
répété dans chacun des deux autres traités. Ils sont
un peu trop longs pour les rapporter ici, quoiqu'ils
offrent quelques renseignements sur les travaux de
Desargues.

Enfin vers la page 17 commence ce qui a rapport

à la coupe des pierres ; trente pages sont consacrées, comme introduction, à faire connaître les
diverses parties d'une voûte et les noms donnés aux
diverses faces des voussoirs, etc.

A la suite se trouve la reconnaissance de Desargues sur le contenu de l'ouvrage ; nous avons cru
devoir la donner, parce que non-seulement elle fait
connaître la part qui doit lui être attribuée, mais
qu'elle contient les réponses très-vives qu'il adresse
à ses détracteurs. (Voir tome I, p. 469.)

Après cette reconnoissance se trouve un extrait
de privilège qui commence ainsi :

Par grâce et privilège, etc., — à la réquisition de
Girard Desargues de la ville de Lion, qui a instruit
Abraham Bosse, de la ville de Tours, graueur en
taille douce, de ses manieres vniuerselles pour
pratiquer diuers arts, comme la perspectiue à la
manière même dont on travaille en géometral, le
trait pour la coupe des pierres en l'architecture,
les quadrans au soleil et autres, lesquels iceluy
Desargues auoit cy-devant commencé de publier
en diuers exemples et projects, il est permis audit
Abraham Bosse de graver, etc. — Paris, 12 may
1643.

Ce privilège, qui est le même pour les trois ou-

vrages, et qui est pris à la réquisition de Desargues,
est donc une preuve de l'intérêt qu'il portait à ces
publications.

L'exposition de la méthode de Desargues pour la
coupe des pierres ne commence donc qu'à la 57ᵉ
page, où se trouve un titre avec frontispice. La
pagination recommence et l'ouvrage alors renferme
114 planches gravées, avec 114 pages de texte, une
pour chaque planche, suivant la méthode employée
par Bosse dans ses trois ouvrages. Il serait trop long
d'analyser tout ce travail ; ceux qui voudront se
bien rendre compte des procédés de Desargues dans
cette partie de la science, doivent donc se procurer
cet ouvrage ; il nous suffira de donner ici un aper-
cu de ce qu'il contient.

La moitié du volume est consacrée au développement des procédés de construction donnés par
Desargues. On voit que Bosse s'adresse à des ou-
vriers maçons, appareilleurs, auxquels il veut indiquer les constructions nouvelles à effectuer, sans
entrer dans les explications scientifiques ; ainsi,
par exemple, il donne en dix figures ce qui, dans
Desargues, est renfermé dans une seule, l'ouvrage, pour un géomètre, est moins intelligible que
celui de Desargues ; il parle plus aux yeux par ses

nombreuses figures, mais pèche par l'obscurité sur
les raisons de ses constructions ; aussi Fresier qui
ne connaissait que l'ouvrage de Bosse a eu raison
de dire, que la méthode de Desargues pour la
coupe des pierres devoit lui faire honneur *si Bosse
l'eut présentée d'une manière plus intelligible.*

Le reste de l'ouvrage est employé à donner des
applications à diverses autres voûtes dont Desargues n'avait pas parlé, ainsi on y trouve le tracé
d'une voûte qu'il appelle O, voûte formée d'un cylindre, ayant des inclinaisons diverses, avec des
courbes d'entrée et de sortie, dans des murs en talus, etc.; il donne ensuite les tracés, des portes dans
l'angle ou dans le coin, des trompes de diverses
espèces, enfin des divers berceaux rachetant d'autres surfaces; il emploie généralement la même
méthode, cependant en divers endroits il indique
divers tracés nouveaux qui lui ont été communi-
qués par Desargues, sans compter, dit-il, « qu'il
donnera plus tard, d'autres tracés que Desargues lui
avait promis et qui étaient d'une très-grande simplicité. »

L'ouvrage de Bosse est donc encore curieux à
connaître après avoir lu celui de Desargues. Il en
est un développement.

GNOMONIQUE.

Examen de l'ouvrage de Bosse,

ayant pour titre :

LA MANIERE VNIUERSELLE DE M. DESARGUES LYONNOIS POUR
POSER L'ESSIEV ET PLACER LES HEURES ET AUTRES CHOSES
AUX CADRANS AV SOLEIL.

Paris 1643, in-8°

Ce second ouvrage de Bosse renferme, comme
le premier, un développement des idées de Desargues. Il commence par un avant-propos et un
avertissement, qui sont les mêmes que dans le
premier ouvrage.

A la suite vient la reconnaissance de Desargues,
signée de lui et datée du dernier de septembre
1643, sur le contenu de l'ouvrage ; nous avons cru
devoir la rapporter tout entière, parce que, d'a-

bord elle est de Desargues et ensuite qu'elle fait connaître les réponses à ses divers détracteurs.

Vient ensuite l'extrait du privilége qui est le même pour les trois ouvrages. (Voir tome Ier, page 479.)

Le titre et le frontispice se trouvent à la page 29, où recommence une nouvelle pagination.

L'ouvrage contient 68 pages de texte, avec 68 figures, une pour chaque planche, cependant il n'y en a que 28 de différentes. Il contient le développement de la méthode de Desargues pour déterminer la position du style d'un cadran solaire, puis il donne après le tracé des cadrans solaires sur une surface plane.

Comme, dans son premier ouvrage, il étend considérablement les idées de Desargues sans les éclaircir. Sa méthode pour placer le style repose sur cette idée ingénieuse, de considérer trois des génératrices du cône d'ombre passant par un des cercles de déclinaison décrit par le soleil le jour de l'observation et à chercher ensuite l'axe de ce cône. C'est la position de cet axe qui doit être celle du style. Bosse indique plusieurs procédés géométriques pour déterminer cet axe et parmi ceux-ci, on remarque celui que Des-

cartes avait communiqué à Desargues lorsque ce
dernier lui avait envoyé son petit traité sur ce
sujet; il consiste à monter sur la tige qui doit servir de style, un plan circulaire perpendiculaire à
cette tige, laquelle passe par son centre, puis ensuite à placer cette tige de manière que passant
par le sommet du cône, la circonférence, dont le
centre est sur cet axe, se trouve tangente aux trois
rayons d'ombre.

Après avoir consacré 38 pages et de nombreuses
figures à ce sujet que Desargues renfermait dans
moins d'une page, il passe au tracé des lignes
d'heures sur un plan et même sur une surface
quelconque, d'après la méthode de Desargues,
méthode extrêmement simple et connue, mais
qu'il trouve le moyen de délayer dans 20 pages.

On voit à la suite un chapitre ayant pour titre :
« Les pièces pour machiner aux occasions suivantes. » Voici le commencement du chapitre : « Je
« pensois de ne me charger la mémoire en cette
« matière que des seules règles vniuerselles de
« M. Desargues pour poser l'essieu, et tracer en
« vn cadran les heures égales à la française sans
« toucher au reste, qui est plus de curiosité que
« d'vsage commun.

« Mais pour suiure l'auis de plusieurs personnes
« de considération que j'honore : j'y ay joint en-
« core la manière d'y marquer ce qu'on nomme
« communement les *signes ;* les heures à l'Ita-
« lienne, où à la Babilonique ; les heures à l'anti-
« que ; les éleuations du soleil sur l'horizon, et
« l'horientement du mesme soleil.

« Et d'autant qu'on ne sçauroit faire chacune
« de ces choses vniuersellement, sans machiner
« peu ou prou ; cette planche cy représente à l'œil
« toutes les pièces que j'emploie à cette occa-
« sion. »

Par cette citation, on voit quel est le contenu
du reste de l'ouvrage, mais comme il ne cite pas
Desargues comme inventeur des méthodes employées et qu'elle ne présente rien de bien intéressant ; nous renverrons à l'ouvrage lui-même, ceux
qui voudraient connaître ce sujet.

PERSPECTIVE.

Analyse de l'ouvrage de Bosse sur la Perspective,

ayant pour titre :

MANIERE UNIVERSELLE DE M. DESARGUES POUR PRATIQUER LA
PERSPECTIVE PAR PETIT-PIED COMME LE GÉOMETRAL, EN-
SEMBLE LES PLACES ET PROPORTIONS DES FORTES ET FAI-
BLES TOUCHES, TEINTES OU COULEURS.

Paris 1648, avec privilége du 12 novembre 1642.

Cet ouvrage commence par une épitre dédica-
toire à Monseigneur Michel Larcher, conseiller du
Roi, etc., dans laquelle on remarque ce passage :
« Et que partageant cet ouvrage avec M. Desargues,
l'inuention en estant à luy toute entiere et à moy
seulement la déduction de sa doctrine plus au long
qu'il ne l'auroit proposée, ny ne foisoit estat de la
donner ; l'estime en laquelle vous avez tesmoigné
d'auoir sa personne, par l'honneur que vous luy

faites depuis tant d'années, nonobstant le bruit injurieux de ses contredisants de le recevoir chez vous à face ouverte et suiure ses advis, au lieu de tant d'autres en la pluspart de ce que vous faites construire, seroit un moyen de vous faire accueillir plus favorablement une partie de ce que j'ay compris jusques icy de ses excellentes pensées touchant quelques arts. Veu mesme que aucune d'icelles vous appartiennent mieux qu'à personne ayant esté sinon commencées, au moins achevées de concevoir parmi les agréables diuer-tissements dont il a si souvent eu le bon-heur de joüir auprès de vous dans vos lieux de campa-gne, etc. »

A la suite de cette épitre se trouve l'avant propos et l'avertissement contenus dans les deux premiers ouvrages, précédés de la reconnaissance de Desargues datée du 1er octobre 1647, (voir page 486) où comme dans les précédentes, il reconnaît que tout ce qu'elle renferme est conforme à ses pensées, etc. Nous la donnons tout entière, comme contenant en outre, une réponse aux diatribes de Curabelle dans son prétendu examen de ses œuvres. On y voit combien Desargues est irrité contre lui, il offre de lui payer cent pistoles, s'il ne démontre pas géométriquement tout ce qui est contenu dans ses originaux et dans les trois ouvrages de Bosse qui portent sa reconnaissance.

Cet ouvrage est divisé en deux parties : la première sur la perspective linéaire, la seconde sur les places des fortes et faibles touches, etc.

La première partie renferme 58 pages de texte divisées en 14 chapitres, sur les généralités de la Perspective et les avantages que présente la méthode de Desargues, etc. Ces pages, entièrement de Bosse, sont intéressantes à lire, quoique le style en soit long et diffus.

L'exposition de la méthode de Desargues ne commence donc qu'à la 59ᵉ page et se termine à la 160ᵉ. Elle comprend 110 figures et 110 pages de texte explicatif, une pour chaque page. C'est un développement très-long de l'idée que Desargues avait donnée de cette science dans sa brochure de 1636. On y remarque d'abord la manière dont, sur le géometral, ou plan, il rapporte à deux droites les divers points d'un sujet, l'une qui est la trace du plan du tableau sur celui horizontal des objets et l'autre qui lui est perpendiculaire, ou bien en traçant sur ce plan horizontal, des divisions de carrés, formés par des parallèles à ces

deux droites et ayant l'unité de mesure pour côté.
— On y observe que les verticales du sujet sont
représentées, au géometral, par des droites rabat-
tues sur ce plan, dans une direction perpendiculaire à la ligne de terre. Ce qui donne ainsi un
mode géométrique de représentation d'un objet,
au moyen d'un seul plan.

Il expose sur ce plan géométrique, l'usage et
l'emploi de ce qu'on appelait alors une *échelle de
petits pieds*, qui est une division en parties égales
et ayant avec l'unité de mesure un certain rapport.
Ensuite il fait voir comment en modifiant ces
échelles, on arrive à faire la perspective d'un
sujet ; tout cela est fort clairement expliqué,
seulement un peu longuement. Il donne après la
construction des échelles, de front et fuyantes.
mais il faut remarquer que Bosse ne donne jamais
des démonstrations de ses constructions ; il est
donc censé parler à des praticiens qui n'ont besoin
que de connaître la manière de faire.

Il fait ensuite des applications de cette méthode
avec l'emploi de ces échelles, à quelques figures
simples.

On y remarquera (page 100, fig. 42), l'examen

du cas particulier où le tableau n'est pas perpendiculaire au plan du sujet; il fait remarquer que
la méthode est la même, seulement il observe que
le plan d'horizon, qui détermine la ligne d'horizon sur le tableau, reste toujours parallèle au
plan des objets et que la hauteur de l'œil au-dessus
de ce plan se compte sur une parallèle au tableau
et non sur une verticale; d'où résulte, dit-il : que
les droites du plan du sujet parallèle à la base du
tableau, donnent en perspective des lignes parallèles à cette même droite; que celles qui tendent à
un point quelconque de la droite de station, ou
élévation de l'œil, deviennent des droites parallèles
à cette droite de station, que celles qui sont parallèles à la conduite fuyante, deviennent des lignes
concourantes au point de vue.

Il détermine, dans ses applications, la perspective d'un cercle, par celles des 8 points de cette
circonférence, donnés par les points de tangence
d'un carré circonscrit et les points d'intersection
des diagonales avec cette courbe; à ce sujet il se
sert de cette observation : que la droite qui joint
deux de ces derniers points et qui est parallèle à
deux des côtés du carré, et perpendiculaire aux
deux autres, les coupe au 7° de sa longueur; ce

qui, comme il le dit, n'est que très-approximatif.

Il donne ensuite la perspective d'une circonférence située dans un plan vertical et en fait des
applications, à — une table — un cylindre horizontal, — des arcades, — des bases de colonnes ;
dans ce dernier cas, on voit que la perspective de
la surface d'un tore est l'enveloppe des perspectives
des divers cercles générateurs.

Il s'occupe ensuite de la perspective de diverses
figures inclinées, — une croix, — un octaedre
porté sur un des sommets, — une pyramide inclinée, — un cube sur sa pointe ou sommet, —
une échelle inclinée.

La fig. 100, (page 158) est curieuse, en ce qu'il
fait voir comment on peut mettre le corps humain
en perspective, en le réduisant à ses axes, formant
ainsi une espèce de squelette composé de droites
allant d'une jointure à la voisine. Il détermine,
comme pour le reste, les coordonnées de chaque
jointure et au moyen des échelles, il trouve la position perspective de chacun de ces points, après
quoi, dit-il, le peintre peut les contourner avec
plus d'assurance. Cette application est ingénieuse,
quoique difficile.

La fig. 101, (page 159), donne un moyen assez

curieux de diviser une droite donnée en perspective, en parties proportionnelles à des droites données.

Dans les planches 104 et 105 il examine le cas où une partie du sujet serait en avant du tableau, et comment alors on peut agrandir les échelles de perspective.

Enfin dans les dernières figures 106, 107, 108, il fait voir que la perspective sur un plan horizontal comme un plancher, ou un plafond, se fait de la même manière, ainsi que dans les figures 109 et 110 sur un plan incliné.

A la suite de la perspective se trouve un chapitre ayant pour titre : *De l'ombre et ombrage à toutes sortes de lumières.*

L'auteur appelle l'ombre d'un corps, la partie de l'espace qui est privée de lumière, tandis qu'il appelle ombrage, ce que nous entendons par l'ombre portée d'un corps sur un autre.

Il détermine les ombres sur le plan géometral, et ce sont les résultats qu'il met ensuite en perspective par sa méthode générale. On ne conçoit pas le reproche qu'il fait à Niceron d'avoir, dit-il, dans sa perspective en latin, donné une manière

en partie fausse de trouver la perspective des ombres solaires, par les points de concours des rayons
lumineux et par celui de l'ombre des verticales,
méthode qui, d'après Niceron, lui avait été four-
nie par M. Chauveau, professeur ès-mathématiques.
On ne voit pas en quoi il l'accuse d'être en partie
fausse ; nous la regardons comme une très-belle
invention, qui seulement peut présenter quelques
difficultés lorsque les points de concours ci-dessus
sont hors du tableau. Ce chapitre se termine par
la détermination de quelques cas de réflexion de
la lumière.

La seconde partie de l'ouvrage a pour titre :
« Règle de la pratique de la perspective pour les
« plans et proportions des fortes et faibles touches,
« teintes ou couleurs. »

Cette partie contient 110 pages dont 94 divisées
en 28 chapitres, et renferme des dissertations longues et ennuyeuses sur le sujet ; 8 figures et autant
de pages de textes sont ensuite employées à expliquer cette pensée de Desargues, qu'il avait ren-
fermée dans une demi page et qui était beaucoup
plus intelligible que le volumineux écrit de Bosse.
On sait que ce principe consiste à diminuer la
touche, teinte ou couleur d'un objet, à partir du

tableau jusqu'à l'infini, suivant l'échelle fuyante.

Ce sujet, comme nous l'avons dit, est une petite partie de ce qu'on a appelé depuis la perspective aérienne, et qui comprend un grand nombre d'observations très-variées.

PERSPECTIVE

SUR LES

SURFACES IRRÈGULIÈRES.

––––––

Analyse de l'ouvrage de Bosse,

ayant pour titre :

MOYEN UNIVERSEL DE PRATIQUER LA PERSPECTIVE SUR LES TABLEAUX OU SURFACES IRRÉGULIÈRES. — ENSEMBLE QUELQUES PARTICULARITEZ CONCERNANT CET ART ET CELUI DE LA GRAVURE EN TAILLE DOUCE.

Paris. privilege du 12 may 1643. — Achevé d'imprimer le 5 may 1653.

––––––

Cet ouvrage de Bosse ne contient pas une reconnaissance de Desargues comme les trois premiers ; cependant il renferme encore les idées de Desargues ; on trouve en effet, dans l'avertissement qui est en tête de l'ouvrage, à propos de cette perspective. *«J'ai creu, ayant esté instruit par mondit sieur Desargues de la maniere de ce faire, que plusieurs personnes affectionnées à cette pratique, seroient bien aisés de la voir expliquée ; et encore plus lorsqu'ils auront compris comme elle est très-méthodique, facile, expéditive et déchargée de plusieurs embarras et grandes difficultez.* »

Outre le sujet indiqué ci-dessus, l'ouvrage renferme des réflexions de Bosse seul, sur divers objets.

Voici, aussi succinctement que possible, la méthode de Desargues pour tracer la perspective d'un sujet sur une surface quelconque.

D'abord, si la surface est plane, soit qu'elle soit verticale, à diverses hauteurs, ou très-biaise par rapport à l'observateur, ou bien horizontale vue de haut en bas, comme sur un plancher, ou de bas en haut, comme sur un plafond, ou bien si cette surface est inclinée dans une direction quelconque, la méthode est la même que celle indiquée dans tous ses ouvrages de perspective. C'est principalement pour des surfaces courbes qu'il y a des modifications destinées à faciliter les constructions.

Voici sa méthode pour tracer la perspective d'un sujet, sur un cylindre horizontal, comme seroit celui d'une voûte de galerie. Il suppose la face d'un des pieds droits prolongée au-dessus de la base, ou retombée de la voûte, et sur le plan vertical élevé qui en résulte, il trace la perspective plane du sujet, pour le point de vue choisi dans la galerie, l'observateur étant censé avoir ses pieds sur le sol, et en limitant la représentation à ce qu'on peut embrasser d'une seule *œillade.* Si donc la voûte était supprimée, ou n'existait pas, ce tableau suffirait pour donner la représentation du sujet.

Il s'agit de tracer maintenant sur la voûte cylindrique, un dessin représentant la perspective même de ce tableau, qu'il appelle *tableau modelle,* et pour le même point de vue ; pour cela il divise ce tableau par des horizontales et verticales, en carrés égaux, dont le côté serait plus ou moins grand, formant ce qu'on appelle un châssis ; il s'occupe ensuite de déterminer la perspective de ce châssis sur la voûte cylindrique donnée ; pour cela, il suppose par l'œil, une verticale, elle ira percer la voûte en un point, qui sera ce qu'il appelle le point de vue pour cette voûte.

On conçoit maintenant que si par cette verticale, et par chacane de celles, aussi verticales, qui forment le châssis tracé sur le tableau, il fait passer des plans, ils détermineront sur le cylindre des courbes passant toutes par ce point de vue; il s'agit ensuite d'avoir les perspectives sur cette surface, des horizontales du châssis; si la surface est comme ici un cylindre avec des arêtes horizontales, il est évident que les plans qui passeront par l'œil et ces horizontales détermineront des arêtes horizontales, et alors on voit qu'il suffit d'avoir une division sur une seule des courbes ci-dessus, et de mener par chaque point de cette division, des horizontales génératrices de ce cylindre. On aura sur cette surface un châssis perspectif de celui sur le tableau; et alors, il sera facile ensuite de placer à vue, dans chaque carreau du châssis perspectif, ce qui est contenu dans celui géometral correspondant. Plus les carreaux seront petits, plus on aura d'exactitude.

Pour avoir ces deux espèces de lignes, qui forment le châssis perspectif, voici comment l'auteur s'y prend; il joint le point de vue de la surface courbe, avec les pieds des verticales qui sont sur le sommet de son pied droit, par des fils tendus; sur ces fils ainsi tendus, il détermine les points de division, correspondants aux horizontales. Cela étant fait, il place une lumière à la place de l'œil de l'observateur, et par l'ombre de ces fils et de ces points, sur la surface cylindrique, il obtient ce qu'il faut, pour déterminer, sur cette surface, le châssis perspectif ci-dessus.

On voit que cela revient à faire la perspective du châssis tracé sur le tableau-modèle, sur un plan incliné passant par le point de vue de la surface et par la base commune au tableau-modèle et à la surface, et à faire ensuite, au moyen d'une lumière, ou par divers moyens mécaniques, la perspective sur la surface cylindrique de ce châssis tracé sur le plan incliné. Cette observation fait voir que sur ce plan incliné, ce châssis perspectif peut se construire, par le moyen des échelles de perspective de plan.

La méthode donnée par Desargues est ingénieuse.

On conçoit maintenant comment il agit pour faire une perspective sur toute autre surface courbe régulière ou irrégulière, simple ou composée; il fait toujours un tableau-modèle placé là où l'effet serait le plus satisfaisant. Il trace, dessus sa surface, un treillis géometral, et cherche le treillis perspectif correspondant, sur la surface courbe, et pour cela, il se sert de ficelles se trouvant chacune

dans le même plan perspectif d'une des droites du
châssis géometral ; ce qui revient, comme nous
l'avons dit, à faire le châssis perspectif d'abord sur
un plan incliné, puis à passer de celui-là à celui
définitif, sur la surface courbe donnée. Et enfin à
tracer à vue, et intelligemment dans un carreau,
ce qui est contenu dans celui correspondant.

Bosse termine cet ouvrage par des considérations très-intéressantes qui, dit-il, lui ont été suggérées par les observations de plusieurs savants,
sur la dégradation des teintes et couleurs sur un
tableau, suivant la distance des objets et l'inclinai-
son des rayons visuels sur les surfaces qui composent le sujet, ce qui forme la perspective aérienne.
Il avait admis, d'après Desargues, que la dégradation des teintes, devait se faire proportionnellement
aux distances du tableau, et par conséquent, aux
pieds de l'échelle de front ; mais, dit-il, « je pense
« qu'il faut le faire proportionnellement aux car-
« rés des distances, parce qu'il s'agit de surface et
« non de lignes, et qu'alors les surfaces diminuent
« perspectivement comme les carrés des distances ; »
et alors à ce sujet, voici ce qu'il ajoute « ayant
« escrit à M. Desargues à Lyon, où il est présent
« depuis quelques années sur ce sujet de l'illumi-

« nation et de la vision, il m'a convié de mettre
« en quelque lieu de ce traité ce qui suit :

« *Quant à la règle de la pratique du fort et*
« *faible qu'il a eu sa raison de la fonder sur la ré-*
« *ciproque d'entre ses distances ou pieds de front et*
« *non de leurs quarrez ou de leurs solides comme*
« *d'autres peuvent faire ayant peut-être aussi*
« *raison.* »

PRATIQUES GÉOMÉTRALES

ET

PERSPECTIVES.

Examen de l'ouvrage de Bosse,

ayant pour titre :

TRAITÉ DES PRATIQUES CÉOMÉTRALES ET PERSPECTIVES ENSEI-
GNÉES DANS L'ACADÉMIE ROYALE DE LA PEINTURE ET SCULP-
TURE.

Paris 1665, privilege du 12 may 1653.

Cet ouvrage a été composé et imprimé après la
mort de Desargues, il n'a donc point été revu et
approuvé par lui; il est fait pour des jeunes élèves
n'ayant pas assez de connaissance en géométrie pour
comprendre le tracé d'un plan et d'une perspective, il contient donc, des leçons élémentaires, de
géométrie, — de levée des plans, — de nivellement

et qui précèdent l'exposition de la méthode de perspective de Desargues et la construction des échelles
de perspective. Nous n'aurions rien à en extraire
comme appartenant à Desargues, s'il n'y avait traité
de la perspective des bas-reliefs ; nous croyons devoir citer tout ce qu'il dit sur ce sujet alors complétement nouveau, afin de pouvoir attribuer
cette idée à Desargues. Voici ces passages qui ne
sont pas tous parfaitement intelligibles :

TOUCHANT LES BAS-RELIEFS. (Page 16.)

« Ceux qui se meslent de faire des bas-reliefs,
sans scavoir la perspective, y font aussi de grandes
méprises, ne discernant pas les parties que l'œil en
doit ou ne doit pas voir, ce qui est tellement commun, que cela fait pitié de voir que l'on pratique
des choses, suivant une routine traditive, dont
l'ouvrier ne sauroit en donner aucune raison per-
tinente, quoy quelle soit de nature a estre démonstrée.

« Ceux qui pratiquent ces choses par règle ou autrement, scavent que ces ouvrages se font de deux
sortes, l'une par application de matière, soit de
terre ou de cire, sur un fonds plat, en venant en

devant, que l'on nomme modéler ou esbaucher.

« L'autre, en creusant jusques à son fonds, ostant de la matière ainsi que sur le bois, le marbre et autre pierre, que l'on nomme tailler, couper, ou sculpter.

« I'ay veu de ces ouvrages antiques et autres moulez dessus, lesquels ne doivent être, pris quoy que nommez bas-relief, que pour des véritables figures de relief ou de ronde bosse, appliquées contre un fonds plat, ou mesme enclavées, engagées, ou enfoncées dedans plus ou moins, et lesquels se peuvent regarder de toutes distances et scituation d'œil, mais les vrais bas-reliefs ne doivent être considerez ou veüs que d'un seul endroit, ainsi qu'un tableau de platte peinture ; lesquels pour bien faire, il ne faut pas prétendre leur donner beaucoup de relief. Et comme en ne sachant pas les beaux effets des règles de l'optique et perspective, l'ouvrier croit que faisant ainsi son ouvrage, elle ne feroit pas à l'œil assez d'effet de relief ; il prétend y suppléer pour en donner beaucup aux premiers objets, et ainsi il vient à faire sans y penser du géometral ou ronde bosse en devant et du perspectif dans l'éloignement, ou bien du relief perspectif difforme.

« Mais ceux qui scavent le moyen de faire parois-

tre à l'œil un objet d'un demy pouce de saillie, composé de lignes courbes, en avoir trois ou quatre à
mesure qu'il s'en éloigne, et de faire les échelles
perspectives pour pratiquer ces deux sortes de travail par ébauche et au ciseau, et aussi les plans géo-
métraux et perspectifs comme aux tableaux, suivant le peu d'espaisseur que l'on doit donner au
bas-relief, ainsi qu'il sera expliqué aux planches 64
et 65, sont bien plus asseurez et mieux fondez. »

TOUCHANT LA PRATIQUE DE FAIRE LES BAS-RELIEFS,
page 114.

« La composition du plus grand nombre des bas-
reliefs ou demies bosses, est absolument fausse ; et
il n'y en a point de vrayes, que celles dont les fonds
ou derrieres sont plats, et contre lesquels les objets sont supposez, adossez, ou bien enclavés, ou
enfoncez dedans plus ou moins, qui sont ceux qui
se peuvent voir de divers côtés ; mais lorsque l'on y
représente de toutes sortes d'objets en perspective,
comme aux desseins et tableaux de platte peinture ;
cela est en quelque sorte faux et contraire à la nature de cet ouvrage, toutefois à cause de son grand
usage et de certaines obligations, ainsi que font foy

ceux représentéz comme autour de la colonne Tra-
jane et autres, et mesme qu'estant en quelque sorte
judicieusement traitez, ils font agrément à l'œil,
j'ay jugé à propos (outre ce que j'en ay dit cy-devant
vers la fin du chapitre V) d'en dire encore icy quelque chose, sinon en détail, du moins en gros; et
d'autant plus, que nombre de ceux qui en font
n'entendent non plus la règle de perspective, que
plusieurs peintres, et ainsi y commettent aussi de
très-lourdes fautes, et mesmes à leur toucher de
fort et faible, dont il sera fait icy mention.

« Ceux qui ne scavent pas comme se font ces ouvrages, scauront de rechef qu'il s'en fait de deux
sortes; l'une par application de terre, de cire, ou
telle autre matière, en commençant sur un fonds
plat les choses que l'on suppose les plus éloignées
de la baze du bas-relief, en venant du plus éloigné
objet au plus proche, comme font les paysagistes.

« L'autre, comme le marbre, ou autre sorte de
pierre; bois, yvoire et semblable, en ostant de la
matière et en allant ou travaillant du grand au
petit, ou pour dire encore autrement, du proche
au plus éloigné et du fort au faible.

« Pour ceux qui font ces ouvrages seulement a
veuë d'œil ou de routine, ils seront avertis, qu'outre

qu'on y doit observer la règle de la perspective pour
faire, s'il se peut, le moins mal, il faut réduire une
grande partie de son géometral, comme les planches suivantes 64, 65 vous représentent, afin qu'estant racourci sur son fonds, ainsi qu'en la figure 3
de la planche 64, on puisse avoir la proportion du
relief des divers objets; puis après se souvenir,
qu'afin que les objets proches de la baze du bas-
relief, outre qu'ils seront les plus grands et les
plus en saillie, il faut faire encore que les creux
ou concavitez de leurs parties, soit draperies ou
autres, soient assez fortement touchées ou profon-
des, pour faire que les ombres y apparoissent à l'œil
plus brunes et luy semblent d'autant plus venir en
avant : et au contraire, faire proportionnellement
que les objets les plus fuyans ou éloignez n'ayent
point de ces fortes touches ou creux : car il est très-
constant que si un bas-relief, et mesme une figure
de ronde bosse, un chapiteau, ou tels autres ornements, leurs creux ou concavitez ne sont forcéz,
sur tout aux endroits les plus en saillie, ils semblent
à l'œil trop faibles ou fades, sur tout lors que la
matière est blanche, comme le marbre, pierre de
Tonnerre, etc.

« Donc, ceux qui ne sont pas avertis de ces particularités, n'ont qu'à donner sur de tels ouvrages des coups dans ces endroits avec un crayon un peu brun suivant la raison des coupes perspectives, et lors ils verront un effet extraordinaire qui les surprendra, et par ainsi leur donnera lieu de foüiller ces creux plus avant. C'est ce que j'ay représenté plus grossierement en la planche 65, figure 1.

« Quand les bas-reliefs qui font histoires n'obligent pas à un fonds bien éloigné, on les peut faire plus vrais et plus facilement que si on vouloit représenter nombre d'objets bien éloignez de leurs bazes. Ce qui se peut remarquer en plusieurs bas-reliefs antiques, où il n'y a pas beaucoup d'enfoncement entre les figures ou corps de devant et leur fond. Néanmoins, par la contrainte, les anciens cherchoient à mettre corps contre corps pour servir de fonds à chacun, afin d'aller jusques au dernier.

« Pour les bas-reliefs qui forment histoires et païsages éloignez c'est la maniere corrompuë, et où il se rencontre plus d'obstacles, si l'on n'est judicieux à ordonner son sujet; mais, comme j'ay dit, le grand usage d'iceux et les obligations où il ne faut employer obligent souvent de les faire ainsi. Ce que l'on va voir en la planche qui suit.

« Touchant la pratique de faire en quelque sorte

mieux les bas-reliefs ou basses-tailles que par l'u-
sage ordinaire, considérez une fois toute l'épaisseur
raisonnable que vous luy voulez donner, puis ayant
déterminé sur un plan d'assiette dégradé de carreaux géometraux, figure 1, l'objet que vous voulez
faire, et pour exemple, ce simple plan ou assiette
efg, lors prenez au compas l'épaisseur de vostre
bas-relief : et pour exemple, si c'estoit celui *abcd*
figure 2, divisez son épaisseur *ac* et *bd* en autant
de parties égales que le carrelage égal a AC et BD
figure 1, puis faites la droite de front *ab* figure 2,
égale à celle AB figure 1, et la divisez aussi en 8
parties égales, et menez de ces divisions des droites
pointées parallèles à *ac* et à *bd*, ou perpendiculaire
à la de front *ab*, et ensuite tracez dans ces quarrés
longs proportionnellement à ce qui est tracé dans
les quarrés parfaits fig. 1, au plan *efg*, et luy donner aussi, si le désirez, son élévation.

« Cela fait, considérez en bas, figure 3, un solide
creux ACDB en forme d'un mur creusé, où vous
devez faire dedans vostre bas-relief, en ce cas que
ce soit en appliquant de la matiere, soit cire, ou
terre ; vous scaurez aussi que AF, BE est son plan
d'assiette sur lequel on doit faire la dégradation
perspective du géometral retressy *adcb* figure 2,

suivant la distance et élévation d'œil déterminé.

« Pour faire la dégradation perspective sur le plan d'assiette creuse AF, lequel est parallele à l'horizon : ayant divisé la base AB en huit parties égales, et déterminé l'horizontale IK et la situation de l'œil O sur quelque lieu plat ; faut des points B et A mener des droites AO, BO au point O, puis mettre sur la de front AB le nombre de parties égales qu'avez pris de pieds pour la distance ; et par exemple, seize qui est le double des pieds qui sont sur AB, et comme figure 2, il y a huit pieds à l'épaisseur du bas-relief, il faut prendre de A vers *n* huit de ces seize parties, et du dit point *n* tirer la droite *n*I, elle coupera AO au point E ; et les autres contenuës de *n* à A aussi menées au point I, elles couperont AE en huit parties perspectives, desquels points ayant mené des droites de front parallèles à AB, vous aurez fait votre dégradation, pour puis après y rapporter en perspective le géometral applati d'en haut figure 2, proportionnellement, et ensuite y faire les élévations, ainsi qu'a costé les figures P, Q, et autres corps d'architecture qui leur servent de fonds.

A costé du creux dudit bas-relief, figure 3 vous y avez les deux eschelles des pieds de fronts et

fuyantes perspectives BK*m*B, pour y avoir recours
en travaillant, soit en ostant de la matière, ou en y
adjouster en modelant.

« J'ai mis en haut de cette planche 65, fig. 1,
une teste ou forme de médaille de profil, et à
costé le profil de ce profil lequel paroist de
front, pour faire voir que les vrais bas-reliefs
mis perspectifs doivent avoir bien peu de saillie ou
d'épaisseur; et c'est ce qui oblige de réduire le
carrelage ou treillis géometral dans l'espace de l'é-
paisseur du bloc ou creux du bas-relief, pour en
suitte le faire perspectif.

« Vous remarquerez que ne voulant donner que
fort peu de saillie aux objets qui composent cet
ouvrage; il faut par la raison des coupes paralelles
à la baze *ab* toucher ou foüiller un peu fortement
les parties les plus élevées des objets principalement ceux où il se rencontre des concavitez,
comme les oreilles, tortillement des cheveux, creux
de drapperies, chapiteaux des colonnes et tels autres ornements.

« Manque de place en la stampe précédente, je
n'ay pas dit qu'on peut reduire au perspectif, fig. 3
le plan d'assiette moindre en épaisseur que le géometral applati fig. 2, sans changer l'eschelle de

front AB fig. 3. Car il n'y a qu'à le déterminer sur
la fuyante AO au point E, ou ailleurs, et tirer du
point I et E la droite IE*n*, puis diviser *n*A en autant
de parties égales qu'en contient l'épaisseur du plan
d'assiette applati *ac*, *bd* et les tirer au point I, lors
elles couperont perspectivement le segment ou in-
tervale fuyant A en mesme nombre de parties.

« Il se voit encore au bas de cette estampe fig. 2
une superficie plane AB, BC avec une dégradation
perspective pour faire un bas-relief ainsi que l'on
fait les tableaux et desseins, dont la de front AB a
huit pieds, la distance quatorze et l'élévation de
l'œil O quatre ou environ.

« Faut remarquer qu'ayant sur ce fonds plat et
treillis placé les plans ou assiettes des objets, il n'y
a plus qu'à y faire les élévations 1, 2, 3, 4, 5, 6 et
autres, puis leur donner leurs mesures géometrales.

« L'on doit aussi faire réflexion qu'à cause qu'on
n'a pas lieu comme aux tableaux et dessins d'y représenter la place des jours, ombres et ombrages,
ny le fort et le faible des couleurs, il y faut suppléer
par un peu de relief, qu'il faut prendre en deca de
la de front AB, qui est entr'elle et l'œil du regardant ; ce qui est à revenir un peu à la manière cy-
devant de la fig. 3. Car pour peu de saillie qu'on

donne à celle-cy à veuë d'œil ou autrement, il la
faut connoistre afin de la comparer aux autres,
et comme j'ay dit, y substituer des corps d'architecture et autres, tenant un peu du plat derrière
l'un et l'autre, puisque d'ordinaire ce sont les figures naturelles à qui on donne plus de relief : mais,
comme j'ay dit, ces particularitez demandent plus
d'explication et de figures et mesme de beaucoup
plus grandes.

Tout ce passage de Bosse, sur l'emploi de la
perspective pour les bas-reliefs est fort obscur. On
y remarque des erreurs, par exemple : ce qu'il dit,
au sujet du plan, qu'il croit devoir diminuer géométriquement en profondeur avant de le mettre en
perspective. Ensuite, dans son tracé de ses divisions perspectives sur une place horizontale formant
la base du creux qui doit renfermer le bas-relief.
On ne comprend pas non plus sa dernière figure
qui semble cependant se rapprocher de la vérité.

Joignons à ce passage de Bosse l'indication suivante, qu'il donne page 127 : « J'oubliois de mettre
icy que sa manière (de Desargues) de pratiquer la
perspective luy à fait concevoir le moyen de former

un ouvrage en saillie courbe : de façon que le relief semble s'approcher de l'œil quand il en est
loin, et s'en reculer quand il en est près, chose qui
semble directement aller à l'encontre de ce que
d'un ouvrage formé d'autre manière la coustume
est de sentir qu'à l'œil il est trouvé plus grand de
près que de loin, particularité excellente à scavoir
pour exécuter bien les *bas-reliefs* et autres ouvrages
de pareille nature. »

Quoique cette indication soit elle-même peu
claire, on ne peut douter qu'il ne s'agisse ici de
figures construites d'après les principes de la perspective relief, et qui sont nécessaires à la construction des vrais bas-reliefs.

Je pense donc que Bosse, n'ayant pas bien compris les idées de Desargues sur ce sujet, a cru, contre tout principe, augmenter l'illusion en rétrécis-
sant d'abord son plan géométral, et qu'ensuite, il
n'a pas expliqué convenablement la méthode de
Desargues, dans l'emploi des échelles de perspective, appliquées à la construction des bas-reliefs,
ce qui n'empêche pas qu'on doit faire remonter à
Desargues, l'idée première de cette nouvelle science
appelée *perspective relief*, et sur laquelle nous avons
composé un ouvrage spécial.

BOSSE SUR DESARGUES.

A la suite du traité des pratiques géométrales et perspectif de Bosse, p. 121, on trouve un article sur Desargues que nous croyons devoir rapporter ici :

En titre. « Ce qui suit est pour ceux qui auront la curiosité de sçavoir une partie du procédé de M. Desargues et de moi envers quelques-uns de nos antagonistes et de partie de son savoir ; ensemble des remarques faites sur le contenu en plusieurs chapitres d'un traité attribué à Léonard de Vincy traduit d'italien en français par M. Freart, sieur de Chambray, sur un manuscrit pris de celui qui est dans la bibliotheque de l'illustre, vertueux et curieux, M. le Chevalier Du Puis à Rome.

« Il n'y a rien de plus ordinaire et qui nous doive moins surprendre que les attaques de l'envie con—

tre les personnes de mérite et les ouvrages qu'ils mettent au jour ; mais ses efforts, bien loin de leur nuire, sont des preuves de leur excellence et des gages de la gloire qui les attend, beaucoup plus grande que s'ils n'avoient aucuns ennemis à combattre ; ce qu'on a pu remarquer dans les plus grands hommes des siècles passez pour toutes sortes de sciences, d'arts et de professions ; si quelques-uns ont esté assez malheureux pour ne survivre à la calomnie, la postérité les a vengés de l'injustice de leur siècle et les a fait triompher lorsqu'ils étoient moins en état de se deffendre. Ces exemples servent de consolation et d'espérance à ceux qui souffrent les mesmes difficultés. De nostre temps, comme autrefois, paroissent de nouvelles productions utiles au public et dignes d'estime ; mais aussi grand nombre d'envieux s'élèvent avec leurs artifices ordinaires. Néanmoins, comme les forces ne sont pas égales, l'assurance de la victoire est toujours pour la vérité qui ne peut estre long-temps obscurcie et éclate plus clairement par la confusion de ses adversaires.

« Cette conformité que les ouvrages de feu M. Desargues ont avec plusieurs des anciens, tant pour la gloire de l'invention, excellence et réputa-

tion, que pour le traitement qu'il en receu de ses
contemporains, fait espérer un semblable succès,
d'autant plus que les matières dont il a traité et les
questions débattues y sont résoluës par des démonstrations qui satisfont l'esprit et le convain-
quent pleinement : ainsi les personnes intelligentes
désireuses de s'instruire et d'en juger avec connoissance de cause n'auront pas peine à se déterminer.

« Pour ceux qui jugent des choses par préoccupation sans connoistre les raisons des parties, il sera
mal-aisé de les désabuser, si ce n'est par le récit du
procédé des adversaires de M. D. qui font voir leur
faiblesse et leur mauvaise foy. Les premiers ont
voulu copier ses œuvres et y mettre quelque chose
du leur pour les déguiser ; mais comme il est arrivé qu'on a sceu faire le discernement, et que ce qui
leur appartenoit estoit faux, lors que l'on a eu la
bonté de les en avertir, leur dépit a éclaté par des
injures, dans des affiches et libelles qu'ils pu-
bliaient en cachant leurs noms.

« D'autres ont dit, qu'ils avoient trouvé nombre
de fautes dans ses œuvres, et qu'ils les maintien-
droient au desdit mesme de cent pistoles ; mais ces
offres ayant esté acceptées, ils ont varié et n'ont osé

soutenir ce qu'ils avoient cité. Dans ce désordre,
M. D. tascha de les rassurer par un puissant motif
sur l'esprit des gens interessez et qui pouvoient
estre avides de gain, après avoir renoncé à l'honneur ; il leur offrit aussi cent pistoles, s'ils vouloient maintenir leur dire en tout ou en partie,
avec le pouvoir de choisir tel article qu'ils croi-
roient plus favorable.

« Je ne dis pas cecy légerement et sans preuves,
puisque de ces escrits signez de M. D., il y en a un
imprimé au commencement de ma première partie
de la perspective dès l'année 1647. De sorte que
depuis tant d'années, ces Messieurs qui provo-
quoient au commencement au combat avec tant
de hardiesse, n'ont osé profiter de l'argent qui leur
a esté offert, s'ils pouvoient soutenir leur proposition.

« Ils sont donc reduits à présent à jetter leur ve-
nin en cachette et décrier mes traitez par des bruits
sourds et des pratiques conformes à leur esprit et
à leurs manieres et mesmes aux sentimens qu'ins-
pirent l'envie et l'ignorance dans les âmes basses
qu'elles possèdent.

« Quelques-uns ont dit par préoccupation seulement, que l'explication de mes traitez ; est trop lon-

gue ou prolixe, qui est un récit fait en l'air sans
aucun bon fondement, puisque par la table de mon
premier volume de la perspective pour le trait des
objets et celuy de la place de leurs jours, ombres et
ombrages, et finalement pour l'affoiblissement de
leurs touches, teintes ou couleurs, l'on voit que sa
pratique y est expliquée brièvement en une seüle
planche, puis en quatre ou cinq et en dix ou douze
par une maniere qui revient entierement à la premiere ; et encore par d'autres propres pour des ca-
valiers à l'aide du compas de proportion, et par les
angles donnez, sans sortir mesme du champ du tableau ; et finalement les démonstrations après un
grand nombre d'exemples, les uns pour faire voir
sur plusieurs cas l'universalité de la dite pratique
et des autres quelques cas, qui est, ce me semble,
le vray moyen de satisfaire ceux qui y sont plus ou
moins versez.

« Nous en avons fait de mesme pour sa pratique
de la coupe des pierres en l'architecture, et pour
celle de tracer les cadrans solaires sur toutes sortes
de superficies plattes ou non, laquelle y est expliquée en diverses manieres et pour quatre sortes
de personnes.

« En mon particulier, j'ay souvent eu plusieurs

demeslez à vuider avec de semblables esprits, qui dans nostre compagnie et en présence de nos eleves, m'ont donné l'avantage de les confondre sur des allégations temeraires qu'ils avoient faites, et cela avec toute la civilité qu'ils pouvoient désirer : néanmoins, ils ont eu tant de dépit de s'estre mépris, qu'ils m'ont pris en aversion pour les avoir eclairez, et ont cherché tous moyens de me pouvoir nuire, tant en mon honneur qu'en mon bien.

« Ensuite, pour se derober à la honte d'estre confondus, et ne pouvant arrester le cours de leur malice, ils se sont avisez de publier des lettres sans aucun nom d'auteur, remplies de tant de sottises et d'impertinences, qu'il est aisé de croire que la premiere est d'un escolier, comme ils lui en font porter le nom, et l'autre d'un interessé mal intentionné.

« Mais il est étrange qu'avec tant de vanité, ils ayent tant de faiblesse, après avoir avoüé qu'ils ne pouvoient trouver à mordre sur les ouvrages dudit D et demeurans d'accord de leur excellence et utilité, ils ont esté jaloux de la réputation qu'il en recueilloit et n'ont pu dissimuler ce sentiment secret qu'ils avoient caché jusques alors ; ils m'ont voulu obliger d'oster son nom de ces traitez, et n'en point parler comme je fais dans les endroits où je rends témoignage à la vérité, prétendant qu'il seroit honteux qu'un homme comme luy, qui n a esté ny peintre, ny desseignateur, leur eust donné des préceptes de leur art, sans avoir l'esprit de penser qu'ils avoient eux-mêmes choisi sa pratique sur toutes les autres : toutefois, je me sens en quelque sorte obligé de dire icy, que la pluspart de ceux qui avoient avancé ces paroles témoignerent quelques jours après s'en rétracter.

« Mais ce motif est-il assez considérable et assez honneste, pour ravir à une personne la gloire qui lui est deuë ? Il n'est pas honteux de profiter des inventions des premiers inventeurs des arts et des sciences, ou de celles que les esprits extraordinaires découvrent de nouveau ; mais il est fort honteux d estre ingrat à ce point, d'en vouloir profiter sans les reconnoistre, ou de priver le public de l'utilité qu'il y peut trouver, parce qu'ils ne sont pas en estat de lui faire de tels présens.

« Enfin l'auteur et les traitez touchant la perspective ou pourtraiture et peinture estans au-dessus de leur portée, ils ont tasché de les rendre inutiles et en diminuer la réputation en substituant un autre qu'ils ont vanté au souverain degré. C'est le traité de la peinture attribué à Léonard de Vinci.

cy-devant peintre italien très-renommé, traduit
ainsi que j'ay dit cy-devant d'italien en françois et
dédié à nostre premier peintre du Roy, M. le Poussin ; et le mesme encore en italien, dédié à la reine
de Suède, par feu M. du Fresne.

   « Véritablement ces noms illustres me donnent
du respect pour tout ce qui vient d'eux, ou leur
appartient en quelque façon, mais ils sont trop raisonnables pour exiger une soumission aveugle de
ceux qui connoissent ces matieres ; il leur est avantageux qu'on donne à connoistre que l'on discerne
dans ce traité ce qui est d'eux ou de quelqu'autre,
ensemble ce qui est d'une ou d'autre espèce. Ce
que je n'ay eu la pensée de faire que par la nécessité de deffendre la vérité et mes ouvrages que mes
envieux et jaloux ont voulu malicieusement ravaler
et rendre méprisable par l'opposition de ce traité
qu'ils prétendoient mettre au-dessus de tous les
autres, sans mesme estre asseurez de ce qu'ils
avançoient. Et pour une infaillible preuve de cela,
il n'y a qu'à voir un petit livret imprimé en cette
forme, intitulé : *Lettre du sieur Bosse à un sien
amy, sur ce qui s'est passé entre lui et quelques
Messieurs de l'Académie*, par lequel on peut voir
des choses très-malignes et très-grossieres.

« Mais puisque j'ay le bonheur d'avoir contribué
avec feu M. Desargues au profit que le public doit
tirer de nos traitez et que j'en connois l'excellence
j'aurois trahy ma propre connoissance et contre-
venu au serment que j'ay fait lors de ma reception
à l'Academie, si j'avois souffert qu'à faute d'avertissement les menées de tels esprits fissent, au pré-
judice du public, prévaloir à mes traitez celuy de
Léonard de Vinci qui en nombre de circonstances
leur est de beaucoup inferieur, et dont enfin il
suffira d'en toucher seulement quelques-unes pour
faire voir si en ma deffense je suis bien ou mal
fondé : outre les sentimens de Monsieur Poussin,
lesquels se verront cy-après.

Page 125. « — Enfin l'on ne scauroit blâmer le
dessein charitable que le dit Desargues a eu de
faire part au public des connoissances particulières
qu'il s'est acquises dans plusieurs sciences par son
étude et son merveilleux génie ; ny le mien de les
avoir apprises de luy et données au public.

« C'est ce me semble, le propre du bien de se
communiquer, et chacun sait combien son inclination y a esté portée, puisqu'il a communiqué
franchement et gratuitement les belles choses
qu'il possédoit, comme les ouvrages que j'ay mis

au jour en font foy, et entr'autre ce qu'il a fait
imprimer des sections coniques, dont une des
propositions en comprend bien comme cas soixante
de celle des quatre premiers livres des coniques
d'Apolonius Pergeus, luy a acquis l'estime des
scavants, qui le tiennent avoir esté l'un des plus
naturels geometres de nostre temps, et entr'autres
la merveille de nostre siecle feu Monsieur Pascal
seigneur d'Ethonville, qui a publié de luy en 1640
dans un imprimé intitulé *Essai pour les coniques*,
ou il y dit sur une proposition cottée figure 1 : Nous
démontrerons aussi cette propriété dont le premier
inventeur est Monsieur Desargues Lyonnois, un
des grands esprits de ce temps et des plus versez
aux mathematiques, et entr'autres aux coniques,
dont les ecrits sur cette matiere, quoy qu'en petit
nombre, en ont donné un ample témoignage à
ceux qui en auront voulu recevoir l'intelligence :
et veux bien avoüer que je dois le peu que j'ay
trouvé sur cette matiere à ses ecrits, et que jay
tasché dimiter autant qu il m'a esté possible sa
méthode sur ce sujet qu'il a traité sans se servir
du triangle par l'axe, etc.

« Son traité de la coupe des pierres en l'architecture a bien fait voir qu'il etoit géometre, et sa

pratique universelle que j'ay divisée en deux
tomes : l'un pour les tableaux plats et l'autre pour
les irréguliers et courbes, pour laquelle il a offert
si généreusement par une lettre imprimée cent
pistoles à celuy de nos François qui pourra lui
donner le contentement d'aller plus outre; celle
des quadrans solaires sur toutes sortes de superficies, sans avoir aucune connoissance de l'astro-
nomie, soit de declinaison du soleil ou d'elevation
de pole, et sans autre instrument que la Regle, le
Compas, l'Esquierre et le Plomb, avec preuve :
toutes lesqu'elles pratiques sont de sa pure découverte, où a aucune d'elles ces envieux n'ont sceu
trouver à redire avec raison, et mesme que feu
Monsieur Millon, scavant géometre, en a fait un
ample manuscrit de toutes les démonstrations,
lequel, à mon avis, mériteroit bien d'être imprimé.

« De plus, en ouvrage d'architecture, les degrez
ou escaliers de l'hostel de l'Hospital, celuy de
Turenne en sa sujettion, ceux des maisons de
Monsieur Vedeau de Grammont, conseiller au parlement, et plusieurs autres, qui sont tous des chefs
d'œuvres en cet art; et les premiers où l'on voit
distinctement la belle sorte de régularité et l'ordre

que doivent garder entr'eux leurs appuis, balustres et autres ornements, suivant leurs niveau et
rampe, sans qu'il y arrive (comme parlent les ou-
vriers), aucune fausse rencontre ny ressauts, mais
soit continuellement chaque chose dans l'ordre
naturel du corps de l'œuvre, et ajustemens de balustres sur le giron des marches, ainsi que cela est
amplement deduit et représenté dans mon traité
d'architecture, sans compter ce que Dieu aydant,
j'espère de mettre de luy en lumiere, que j'ay encore par manuscrit.

« Neanmoins après toutes ces belles productions, il y en a qui demandent encore ce qu'on voit
de luy ; croyant que pour estre dit scavant en l'architecture qu'il ne faut que scavoir desseigner nettement sur le papier quelques morceaux de ces ordres, qui est, comme chacun scait, la perfection
d'un pur copiste, qui mesme souvent ne scait pas
faire le choix ou discernement de leur plus belle
ordonnance, et encore moins la regle pour sur le
papier trouver cette proportion, telle qu'on soit
pleinement asseuré qu'estant construits en grand,
ils fassent à l'œil l'agrément désiré ; ce que j'ay appris aussi de luy, et expliqué dans mon traité d'architecture, et plusieurs belles particularités, par

lesqu'elles, et ses autres œuvres, on peut juger si
l'on a eu raison de le vouloir encore obliger à sçavoir travailler nettement de la main.

« l'oubliois de mettre icy que sa maniere de pratiquer la perspective luy a fait concevoir le moyen
de former un ouvrage en saillie courbe, de façon
que le relief semble s'approcher de l'œil quand il
en est loin, et s'en reculer quand il en est près,
chose qui semble directement aller à l'encontre de
ce que d'un ouvrage formé d'une autre maniere la
coustume est de sentir qu'à l'œil il est trouvé plus
grand de près que de loin, particularité excellente
à scavoir pour exécuter les bas-reliefs et autres
ouvrages de pareille nature.

« Mais il est temps de finir cet ecrit par les remarques faites sur le traité attribué à L. de Vinci :
car pour celui de la perspective dediée à M. Le Brun,
il suffit de ce que j'en ay dit et fais voir ensuite
de ma lettre à Messieurs de l'Académie. Et pour
celle mal nommée affranchie par le P. B. (Bour-
goin) religieux augustin, estant donnée par les angles, elle ne peut estre de grand usage surtout pour
les peintres et tels autres desseignateurs de plusieurs objets formant histoire, puis que parmy de
semblables artistes la reduction du petit pied est

familiere, mais bien pour mettre en perspective quelques morceaux d'architecture militaire, ou le plan géometral est d'ordinaire fait par la connoissance des angles. »

Suit l'examen du traité de L. de Vinci, critique fort juste, qu'il appuie de cette phrase d'une lettre que M. le Poussin lui a écrit de Rome.

« Tout ce qu'il y a de bon en ce livre (de L. de Vinci), se peut écrire sur une feuille de papier en grose lettre; et ceux qui croyent que j'approuve tout ce qui y est ne me connoissent pas; moy qui professe de ne donner jamais le lien de franchise aux choses de ma profession que je connois estre mal faites et mal dites, etc.

Au demeurant, il n'est pas besoin de vous rien ecrire touchant les leçons que vous donnez en l'Académie, vous estes trop bien fondé. »

(Nous croyons devoir ajouter ici l'acte qui termine cet article et qui prouve l'animosité qui animait alors certains peintres praticiens, contre Desargues qui n'était qu'un savant et point artiste!)

« Nous sous signez de l'Académie royale de peinture et sculpture, reconnoissons qu'auparavant qu'ils fust parlé de cette Academie, M. Bosse ayant mis au jour un livre entr'autres de la ma-

niere universelle de M. Desargues pour pratiquer
la perspective autrement la pourtraiture ; et la dite
Academie ayant esté depuis instituée, elle auroit
par ses deleguez prié ledit sieur Bosse de vouloir y
venir expliquer ladite perspective aux etudians en
icelle à la pratique de l'art de portraiture ; ce qu'il
auroit courtoisement accordé et effectué durant
des années avec de notables succez : En témoignage et reconnoissance de quoy ladite Academie
luy auroit de son plein gré donné sa lettre d'academiste honoraire, pour avoir séance et voix dé-
libérative en ses assemblées et pour y expliquer
ausdits etudians la perspective et ses dépendances ;
dont et de quoy, suivant la coustume et les formes,
le dit sieur Bosse auroit presté serment ; après
quoy, d'un commun adveu de la compagnie, il
auroit a diverses fois recommencé la dite explication de la perspective, à la qu'elle il auroit joint
l'enseignement de choses de géometrie pratique
propres à estre sceuës en celle du dit art de pourtraiture ; et de plus encore sur les preceptes que
d'abondant il auroit receus de nouveau dudit sieur
Desargues, et desquels il avoit donné simplement
avis dans sondit livre ; il auroit pour comble d'ins-
truction ausdits etudians enseigné bien au long

un ordre méthodique et demonstratif à suivre et
tenir pour conduite assurée en la pratique de
pourtraiture à la veuë naturel ; et cela par des
leçons la pluspart signée de l'ancien de la compagnie lors en mois. Ce qu'il auroit toujours fait au
nom et comme en résultat des soins de l'Academie,
à rechercher au possible tout ce qui se pourra
trouver en quelque maniere servir et contribuer
au prompt et solide avancement desdits étudians
à l'intelligence, et des raisons à scâvoir et des
moyens à tenir en ladite pratique. Ce que ledit
sieur Bosse ayant intention de mettre en lumiere,
il auroit rendu cette déférence à la compagnie, de
mettre à son option ou qu'il la fist en academiste
susdit au nom et comme un effet des soins de la
dite Academie, ou comme ses œuvres d'auparavant
qu'il fust academiste en son nom seul demandant
acte en forme de sa déliberation la dessus. Pour
laquelle chose aucuns des anciens et academistes
se trouvant assemblez, une partie en fin d'assemblée déclarerent de parole audit sieur Bosse, que
la compagnie avoit à gré l'honneur qu'il lui vouloit faire, en mettant de très belles choses en lumiere au nom de son corps ; mais ne pouvoit con-
sentir qu'il y laissast le nom dudit sieur Desargues :

à quoy seul sur le champ le dit sieur Bosse répondit, qu'en homme d'honneur il ne devoit ny ne pouvoit l'en oster.

Et nousdits sous-signez lui avons donné cette présente déclaration, qu'en tant qu'en nous est, pour la part que nous avons et faisons en la dite Academie. Nous reconnoissons et agréons l'honneur qu'il témoigne luy vouloir faire, en publiant au nom d'icelle des preceptes bien conceüs pour le seur et facile avancement à venir des etudians à la pratique de pourtraire, au lieu de l'y mettre comme ses précédentes œuvres en son nom seul.

Fait à Paris, ce premier juillet 1655.

C. Vignon (ancien).	Laurent De la Hire.
M. Corneille (ancien en mois).	S. Bernard.
Ch. Mauperche, L. Ferdinand.	Montagné.

Bosse a composé un ouvrage ayant pour titre :

LE PRINTRE CONVERTY AVX PRÉCISES ET UNIVERSELLES REGLES DE SON ART.

Avec un raisonnement abregé au sujet des tableaux, bas-reliefs e
autres ornemens que l'on peut faire sur les diverses superficies
des bastimens. Et quelques advertissemens contre les erreurs que
des nouveaux ecrivains veulent introduire dans la pratique de
ces arts.

Paris M.DC.LXVII.

———

Ce volume est un recueil de pièces diverses sur
la peinture, la perspective et autres sujets relatifs
à ses différends avec les membres de l'Académie
de peinture. Nous croyons devoir rapporter ici le
premier mémoire où se trouvent exposées les causes
qui amenèrent Bosse à donner sa démission de
professeur de Perspective, à l'École des Beaux-
Arts.

———

A. BOSSE AV LECTEUR.

Svr les causes qu'il croit avoir euës, de discontinuer le cours de ses *leçons géomctrales et perspectives*, dedans *l'Academie royalle de la peinture et de la sculpture*, et mesme de s'en retirer.

Les grandes fatigues, la perte de temps et les frais, qu'il faut faire pour tâcher d'obtenir justice contre ceux qui nous oppriment ; et qui estant en faveur, previennent les puissances par des mauvaises impressions ; fait que plusieurs souffrent ces oppressions avec moins de murmure.

C'est pourquoi, lorsqu'il ne s'agira point de la cause de Dieu, de celle de mon Roy, et de celle du *Public ;* je tacheray de supporter patiemment le reste.

Il s'agit donc en cette occasion de deux causes principales ; la premiere regarde le public ; la seconde mon honneur, ma vie et celle de ma famille ; or, comme je desire d'en déduire ici des particularitez et que je suis en quelque sorte la partie intéressée ; je remets neantmoins le tout au jugement de ceux qui sans prevention prendront la peine de les lire ; et si Monsieur le B (LE BRUN) de concert avec un ou deux de l'Academie, n'avoit subreptissement obtenu contre moy un *arrest du conseil des finances*, sans avoir osé me le faire signifier, je n'aurois pas fait cet ecrit ; car pour ce qui regarde en quelque façon la cause publique ; mes traitez suffiront pour maintenir la vérité contre l'ignorance.

Je scay bien qu'en matiere d'ecrits, la délicatesse de plusieurs personnes va souvent à les condamner sans examiner la vérité et la fausseté des choses, et sur tout, lorsqu'ils y voient des termes un peu forts et pressants, sans penser qu'y estant intéressez, ils auroient peut estre d'autres sentimens, et ne s'éloigneroient de la pensée de Saint-Augustin : *que l'on a toujours veu dans l'ordre du monde, que les mechans ont persécuté les bons, et les bons les mechans : les méchans en nuisant par injustice ; et les bons en profitant à eux qu'ils punissent par de bonnes corrections, les uns agissent par un mouvement de vengeance ; et les autres par la charité qui les anime ; car le meurtrier frape et perse indiferemment, parce qu'il ne pense qu'à blesser ou a tuer ; mais le chirurgien considere bien l'incision qu'il veut faire, parceque son dessein est de guerir.*

*Mais pour en revenir au fait de nos dites
causes :*

Plusieurs personnes scavent que la pluspart des
peintres, sculpteurs, graveurs, dessinateurs, et
semblables artistes, en se rendant visite, se com-
muniquent leurs plus beaux ouvrages ; pour se
communiquer mutuellement ce qu'ils en pensent,
qui à mon sens est une maxime que je trouve fort
raisonnable, sur tout, lors qu'on y agit avec franchise et de bonne foy, car d'en user comme ceux
qui s'iritent quand le sentiment qu'il vous ont demandé ne les couronne pas, et qui, bien loin de
vous estre redevable de la généreuse intention que
vous avez euë de les tirer de l'erreur dans laquelle
ils sont tombéz, conçoivent une effroyable aversion, qui leur fait rechercher tous les moyens de
vous nuire, pour leur avoir refusé des louanges ; je
tiens que c'est un mauvais procedé, aussi bien que
la conduitte de celuy qui fait ses observations sur
vostre ouvrage et qui les publie.

Donc sur ce sujet, je reciteray ce qui m'arriva
un jour chez M. le B (Le Brun) qui peut estre l'o-
rigine de nostre mesintelligence ; m'ayant plusieurs fois prié, de lui dire mes sentimens sur un
crucifix qu'il avait peint et représenté sur le Gal-

vaire, que l'ayant fait, sans devoir n'y pouvoir luy
accorder que la lumière d'une lampe pour éclairer
le modelle, dont il s'estoit servy, y deust faire le
même effet que le jour naturel ; il m'en a depuis
non seulement témoigné de la froideur, mais en
plusieurs occasions, il a recherché les moyens de
me nuire ; car lorsque j'enseignois la perspective
et ses dépendances dans l'Academie, il prit son
temps de dire à M. Bourdon très-excellent peintre, en présence des eleves ou estudians de ladite
Academie ; qu'il en scavoit une pratique bien plus
facile que la mienne (quoy qu'en vérité il n'en eust
qu'une très imparfaite connoissance) sans penser
que j'avois déclaré à la compagnie devant luy,
qu'en cas qu'ils en eussent fait élection sur toutes
les autres, que s'il s'en trouvoit une qui luy pût
estre préférable, j'offrois de l'aprendre et de l'enseigner.

Ce raport m'ayant esté fait, je pris occasion un
jour d'assemblée d'en parler à la compagnie, toutefois sans rien désigner, ou chacun s'en deffen-
dit, à la reserve du dit sieur le B, lequel ayant dit,
que l'on pourroit bien avoir avancé cela pour apprendre, je ne luy fis d'autre repartie sinon, qu'en
s'adressant aux disciples, ce n'estoit pascle plus

sur moyen ; ou il est à remarquer, que je ne le
voulus pas mettre en jeu ny M. Bourelon ; mais un
moment après, les ayans veus parler ensemble et
tracer quelques traits ; je pris le temps de me mettre entre-eux d'eux et de leur demander de quoy ils
traitoient, et m'ayant dit que c'estoit sur quelque
chose d'aprochant de ce que j'avois entretenu la
compagnie, je tachay de luy faire connoistre dou-
cement, qu'il scavoit très peu la matiere dont il
s'agissoit, ce que mesme il avoua en quelque sorte;
car voulant donner à entendre qu'il avait trouvé
beau et bon ce que je luy avois expliqué, il me dit,
he bien Monsieur, si je n'avois agitté cette question, je n'aurois pas apris cela ; ce qui m'obligea
encore à luy repartir, aussi, Monsieur, vous estes
vous adressé à moy et non aux disciples.

Et comme j'avois creu que cet entretien pourroit contribuer à sa conversion, j'apris quelque
temps après, qu'il avoit témoigné à un de ses amis
et des miens tout le contraire et qu'il n'entendoit
pas mesme les premiers principes de la perspective, qui est ce qui luy fit avancer dans une autre
assemblée, pour éluder s'il eust pû les veritez que
j'y expliquois , *que tout le fin et le vray de l'art
sans tous ces raisonnemens, dépendoit de dessiner et*

peindre d'après le relief ou naturel comme l'œil le
voyoit, ce qui m'obligea de rechef veu mesme la
fonction que je faisois dans l'Academie, de luy
faire remarquer et à la compagnie, le deffaut de
cette proposition, que j'ay amplement expliquée
en mes traitez de perspective et en celuy de mes
leçons.

Or, il faut sçavoir qu'avant ce temps, l'Academie
desirant que je fusse de son corps, m'avoit baillé
mes lettres d'academistes, dont la copie est à la fin
des dernieres leçons que j'ay données dans ladite
Académie, pour leur en témoigner de rechef ma
reconnoissance.

Mais quelque temps après, il fut fait une autre
tentative, ou le dit sieur B. ne réüssit pas mieux, sur
que la compagnie estant demeurée d'accord, que ce
je travaillerois seul à ce traité des secondes lecons
(qui est ce qui devoit précéder la pratique de la
perspective), car ayant fait apporter en l'Academie
un livre de la peinture, dit de *L. Vincj*, pour
selon toute l'apparence l'y introduire au lieu des
miens qui y estoient, y estant arrivé, et faignant
qu'il ne le connoissoit pas, il demanda en le prenant quel il estoit, et le secretaire de l'Academie
qui l'y avoit apporté par son ordre, le luy ayant

dit, il profera d'un ton fort élevé; *voila le livre dont il se faut servir pour ce qui concerne les choses dont nous devons traiter*; mais luy ayant reparty : Je crois, monsieur, que vous entendez seulement de ce qu'il y aura de bon, cela luy fit dire : *Quoy de bon, croyez-vous qu'il y ait du mauvais?* Et sur le champ luy en ayant fait voir des preuves, il fut fort surpris; ce qui me fit croire, qu'il n'avoit estimé ce traité, que sur un ouy dire, ou jugé, comme on dit, du procez sur l'etiquette du sac, qui est le titre et l'epistre liminaire, laquelle s'adresse à l'il--lustre et très sçavant premier peintre du Roy, feu monsieur le POUSSIN, et comme selon toute l'appa-rence un autre peintre de l'Academie, interessé en l'impression de ce livre, devoit estre de la partie, ledit sieur en sortit avec promesse d'y revenir avant que l'assemblée fust finie, ce que toutefois il ne fit pas, qui fut un trait de sa prudence pour ne pas tomber en confusion devant elle.

N'ayant donc pas fort bien réussi en cette ren-contre, on fit courir un bruit que j'avois mal parlé dudit traité de Vincy ; quoy que monsieur le POUSSIN eust, à ce qu'ils disoient à tort, éclaircy tous les chapitres qui en avoient besoin et que l'on assuroit aussi en estre plutôt le père que ledit de de Vincy, qui est ce qui m'obligea d'en ecrire audit sieur POUSSIN, à Rome, dont plusieurs de ses ouvrages m'empeschoient de croire ces discours, bien qu'ils fussent tirez de son epistre liminaire.

Mais l'ordinaire suivant , monsieur POUSSIN m'ayant fait l'honneur d'une réponse, où il me remercie du jugement que j'en avois fait en sa faveur et où ensuite il me declare ses sentiments sur le tout, en disant comme je l'ay dit ailleurs amplement ; que tout le bon dudit traité se peut ecrire sur une feüille de papier en grosse lettre, et que ceux qui croyent qu'il approuve tout ce qui y est ne le connoissent pas ; j'envoyay aussi une coppie de cette lettre à monsieur le B., pour d'autant plus l'assurer de ce que je luy en avois dit, de laquelle pour remerciment je n'en ressus que réponse offensive.

Mon travail manuscrit desdites leçons estant finy L'ayant apporté en l'Académie, et en suitte leu à la compagnie, et fait entendre en gros les principales figures, elle m'en remercia, et me pria d'avoir la bonté de l'aller expliquer en détail à nos élèves, et trouva mesme à propos que châque leçons fust signée du professeur ou ancien qui seroit en mois à mesure que je les donnerois, afin que (comme je

leur avois dit) si quelqu'un s'ingeroit de les rendre
publiques et se les attribuer avant mon impression
on peust faire voir le contraire, ce qu'ayant fait en
présence de plusieurs de la compagnie qui voulu-
rent encore y assister, monsieur BOURDON estant
de mois signa la première leçon, laquelle estoit un
discours de préparation aux éleves, pour celle ou il
s'agissoit d'opperer de la main, qui est incerée
audit traité des leçons à présent imprimé.

Ayant commencé dans le mois de monsieur
BOURDON le cours de ces lecons, ainsi que je l'avois
promis à la compagnie, je creus estre obligé par
référence ou civilité de luy demander si elle desiroit que les mettant au jour, ce fust comme un résultat de ses soins ainsi qu'elles avoient esté expliquées et signées, ou bien comme un des miens,
lors que je n'estois point de leur corps ; de m'en
donner un acte en forme ; et comme monsieur de
R., le second directeur, me dit au nom de la compagnie présente, qu'elle n'y ayant rien contribué,
je les pouvois faire imprimer en mon nom seul,
cela me fit repartir, que d'autant plus m'en de-
voient ils donner un , puis qu'estant de leur corps
j'avois esté obligé d'ecrire et parler en plurier, par
nous, et non en singulier par moy, ainsi que mes

leçons et leurs signatures en faisoient foy; et sur ce
il ne fut rien résolu.

Dans une autre assemblée, cette question ayant
de rechef esté agité, on me dit de les mettre ainsi
qu'elles estoient ecrites et signées, mais à condition d'en oster le nom de M. DESARGUES ; proposition que je laisse à juger à qui le désirera et
laquelle monsieur le B. prit la peine trois heures
devant celle de l'assemblée, de me venir dire chez
moy, que l'on me la pourroit bien faire ; et en cela
il faut que j'avouë qu'il me dit la verité, car elle
m'y fut faite, mais il ne s'y trouva pas.

Donc sur cette proposition assez mal digerée, ils
n'eurent de moy qu'un refus, et mesme un peu de
blâme, puis qu'ils avoient choisi mon traité de perspective ou le nom de M. DESARGUES est au titre;
et comme il se trouva que plusieurs de la compagnie traiterent de ridicule cette poposition, sept
d'entre eux me signerent un acte, dont la copie est
aussi à la fin de ces leçons, pour qu'elle ne leur
pust estre imputée avec justice ; lequel acte, la cabale essaya de ravoir dans une autre assemblée.
sous pretexte de me donner une charge de conseiller en l'Academie ; mais ayant remarqué, qu'elle
n'avoit point les graces et les privileges de celle des

professeurs, je les en remerciay et me retiray en
attendant leurs ordres, quand ils seroient plus unis
entre eux ; puisque par mes lettres, par l'acte de
ces sept messieurs, et par mes leçons signées; je
pouvois les mettre au jour comme je voudrois,
sans qu'aucun de la compagnie y pust trouver à
redire avec justice.

Ce fut donc en suitte, que M. le B. crut avoir
trouvé le moyen de faire valoir aux éleves de l'A-
cademie, la perspective coppie qui se déguisoit
très mal en sa maison, pour luy estre dediée, et de
laquelle il leur en montra le privilége qu'il disoit
venir d'obtenir ; qui est ce qui obligea M. DESAR-
GUES, d'offrir liberalement *cent pistoles* à celuy
de nos François, qui feroit plus que luy en cela.

Mais ce mauvais ouvrage n'ayant paru que trois
ans après cette obtention de privilege, on le trouva
si foible et mesme si ridicule, qu'il fut méprisé au
dernier point ; ayant fait des remarques particulièrement sur son misérable déguisement de la nostre,
je les présentay imprimées à messieurs de l'Academie, pour qu'il leur en plût en dire leur sentimens, consentant mesme, s'ils le desiroient, que
monsieur le B. présent, en fist le mesme à condition de donner le sien par écrit signé de luy, quoy

qu'il témoignast en quelque sorte, estre l'avocat de
ce coppiste plagiaire, non à la vérité pour vouloir
plaider sa cause, mais bien pour empescher en
fuyant que l'Academie ne jugeast ce différent;
neantmoins tout ne reüssit qu'à faire connoistre
de plus en plus à la compagnie, qu'il entendoit
très-mal à faire election des véritables, universelles,
et faciles règles de son art; mais bien d'estre tenu
par le faible narré de son epistre liminaire, comme
auteur, protecteur, approbateur, et guarend de la
coppie ridicule, ou plutost de son larcin mal dé-
guisé; et pour preuve de mon dire, il n'y a qu'a
lire ladite epistre, dans laquelle sont d'autres discours autant ridicules et foibles qu'il se puisse
ecrire.

Voicy encore à mon sens quelque chose de plus
éloigné du bien, qui fait souvent voir, qu'un
abisme en produit d'autres; car la brigue ayant
sceu que la compagnie desiroit reconnoistre mes
soins et mes peines, en me baillant cette lettre de
conseiller, accompagnée des choses que je croyois
estre raisonnable, et mesme que monsieur BOURDON
et plusieurs autres m'avoient pressé de signer un
acte sur leur promesse, en m'assurant que la compagnie ne l'avoit jamais entendu autrement : mais

en l'assemblée suivante la brigue estant de concert,
pour prétendre avoir mes lettres et ce qui en dépendoit; M. le directeur ayant demandé si j'estois
de l'Academie, cela me surprit, puisque quelque
temps devant, il m'avoit remercié au nom d'icelle
et mesme presenté cette charge de conseiller en attendant mieux, qui estoit des gages, quand il plai-
roit à Sa Majesté de leur faire toucher les apointe-
ments destinez pour sa subsistance.

Lors à cette demande si j'estois de l'Academie,
monsieur le B prit la peine de dire que non, et
mesme que j'y estois entré sans adveü; mais sur
l'heure le contraire ayant paru par la lecture de
mes lettres, monsieur le B. repartit que c'estoit
monsieur de CHARMOIS, notre premier chef ou directeur qui comme mon amy me les avoit données,
et quoique cette objection fust en quelque sorte
appuyée par monsieur ERRARD, on ne laissa pas
encore sur l'heure, de trouver dans le livre des dé-
liberations de l'Academie que ces lettres m'avoient
esté données du consentement de tout le corps, et
mesme de celuy des maistres peintres et sculpteurs,
qui dans ce temps-là avoient esté réünis à l'Academie; or sur cette excellente objection de ces
deux messieurs, je leur fis la reverence et les re-

merciay des peines qu'il prenoient pour prétendre
me désobliger en se désobligeant.

Mais afin qu'ils ne perdissent pas en cette rencontre, après l'honneur, tous leurs soins, monsieur
le directeur me demanda si j'avois mes premières
lettres, desquelles luy en ayant présenté coppie
(quoy que j'eusse l'original), il me la rejetta de co-
lere, m'enjoignant d'apporter cet original au premier jour de l'assemblée ; mais l'ayant prié que l'on
me tretast ainsi que mes confreres, qui avoient eu
leurs secondes avant que d'avoir rendu leurs premières, et mesme je lui en cittay cinq ou six qui
estoient presents, lesquels avoient encore les unes
et les autres ; cette réponse fit tellement prendre
feu à l'esprit de monsieur le directeur, qu'après un
serment *du plus haut stile*, il dit, *que si la com-*
pagnie consentoit à me donner mes secondes lettres,
avant que d'avoir rendu mes premieres, qu'il abis-
meroit l'Academie et reprendroit ses deux poutres;
or ayant remarqué que nul de la compagnie ne repartit à cette rodomontade, je me retirai, temoi-
gnant que je ne voulois pas estre la cause de ce
renversement, et surtout de sa plus saine partie,
les assurant que j'avois assez de mes lettres, d'actes de signatures, et de la production en public de

mes leçons ; pour faire connoistre la justice de ma
cause.

Quelques jours après, je leur envoyay mon ADIEU
signé, et le suivant de cette rupture, monsieur
CORNEILLE, *professeur*, m'estant venu voir, et
m'ayant raporté qu'il y avoit eu grand bruit quand
je me retiray, particulierement entre messieurs
BOURDON et le BRUN, je luy témoignay que si la
plus saine partie de la compagnie, continuoit
d'estre sans repartie, quand deux ou trois d'entre eux contreviendroient aux status et ordonnance
de l'Academie; qu'ils meritoient bien d'estre traitez
de la sorte, qu'avoit fait la brigue et ce directeur.

Mais le sujet de la visite dudit CORNEILLE fut de
me faire la proposition de la part dudit directeur,
de luy vouloir confier mes lettres, comme sachant
bien que nous estions amis, et qu'il m'aporteroit
en suitte le projet des secondes, pour voir si il seroit comme je le desirois ; et sur ce je luy reparty,
qu'il n'y avoit rien en ma puissance que je ne luy
confiast à la réserve de ces lettres, crainte que luy
mesme n'y fust trompé, puisque sans espion je
sçavois un secret, que sans doute il ignoroit; et
de plus que monsieur le directeur ayant dit hautement que mon pretendu crime estoit de les avoir

refusées à tout le corps ; qu'il n'eust pas esté raisonnable de les confier à un seul de ses membres ;
et aussi que je ne pouvois n'y ne devois entendre
aux propositions d'un particulier, quoy que directeur, sans l'aveu de la compagnie.

Et comme jusques-là, cette menace de reprendre
deux poutres m'estoit une enigme, monsieur Corneille me dit que ce directeur en avoit fourny deux
pour faire un entresolle en l'Academic, et que
sans doute c'estoit celles-là qu'il auroit voulu reprendre.

Depuis avoir ecrit ce qui precède et ce qui suit ;
ayant fortuitement trouvé dans mes papiers un
billet de monsieur Le Brun, j'ay creu le devoir
inserer icy, pour d'autant plus faire voir s'il a esté
bien fondé d'avancer que je n'estois pas de l'Academie.

A Monsieur, Monsieur Bosse,

Monsieur, je vous prie instamment de vous trou-
ver demain premier samedy de ce mois à l'Acade-
mie, pour estre présent à la lecture des nouvelles
graces que le Roy lui a accordée, et donner vostre

voix aux nouveaux officiers qui doivent estre elüs :
Vous obligerez toute la compagnie, et en particulier
Monsieur,

Vostre très-humble serviteur.

LE BRUN.

Mais que peut on dire encore de ces deux ou
trois Messieurs d'avoir après ma sortie sous une
fausse exposition dans une requeste presentée au
conseil des finances, et sans m'y avoir fait appeler,
obtenu le 24 novembre 1662 un arrest, qui me
deffend de prendre la qualité d'Academiste en fait
de peinture et de sculpture, n'y de faire aucune
assemblée pour raison de ce, et lequel ainsi que
j'ay dit, ils n'ont osé jusques à présent me faire
signifier.

Quelques amis m'ont assuré que cette brigue a
esté jusques au point (jugeant encore d'autruy par
elle mesme) de vouloir par force et contre tout
droit, obliger de leurs disciples ou éleves (qui
avoient fait une academie entre-eux sans leur per-
mission) d'avoüer que c'estoit moy qui m'en estoit
fait le chef, et bien qu'ils protestassent au con-

traire, et mesme avec serment, ils leur soûtinrent
que cela estoit, et qu'ils ne seroient point receus à
dessiner en l'Academie s'ils ne l'avouaient; ce qui
m'a donné lieu de croire, que c'est sans doute sur
cette chimerique pensée qu'ils ont obtenu cet arrest par surprise.

Or, ayant esté prié par de mes amis de rendre
témoignage à la vérité, pour le bien de ces estudians; j'écrivis une lettre à Messieurs de l'Academie, afin de désabuser ceux qui pouvoient en estre
innocemment prevenus, laquelle avant que d'estre
ouverte·fut jettée au feu par un de ces téméraires
entreprenans, qui prévoyait bien que son contenu
ne pouvoit luy apporter et à sa cabale que de la
honte et de la confusion, de sorte que sur ce procédé et cet arrest, je n'ay pû découvrir d'autre sujet
qui peut avoir porté M. le B. de dire imprudem-
ment à de ces amis et des miens, que s'il m'en eust
voulu comme je croyois, qu'il avoit eu occasion et
pouvoir de me faire incastrer.

Je laisse donc à juger quelle satisfaction peuvent avoir des personnes d'honneur, d'estre d'une
compagnie ou communauté ou une seule et deux
ou trois de brigue, disent et entreprenent de faire
de telles choses et d'autres si opposées à ses sta-

tuts et à ses ordonnances, sans aucun fondement.

Mais maintenant, ce qui doit satisfaire en quelque sorte ceux aiment la *verité*, le *scavoir* et le **bon ordre** est l'espérance que par celuy qu'à présent *Monseigneur* COLBERT y fait établir de jour en jour, ces cabalistes n'en useront plus de la sorte, quoy que l'on ne doive pas douter, qu'il n'y faille employer du temps, et surtout à y bien fonder les véritables et universels principes, regles et pratiques de ces deux beaux arts, sans lesquelles on ne peut faire d'excellens disciples et academistes ; au lieu que sur les ouvrages et sur les raisonnemens de quelques-uns, bien qu'en quelque estime à présent, on y remarque des erreurs très-grossières contre les regles de l'art ; et ce qui m'a fort surpris est, que M. le B. ayant souvent dit que les règles de perspective estoient la moinsdre partie de son art, que par ces œuvres on remarque qu'il en aye si peu de connoissance.

Mais pour faire, s'il se peut que le dit sieur et ceux de son party ne me croyent point d'humeur à leur en vouloir pour tout leur procédé contre moy, je les assure DIEU aydant qu'alors qu'ils voudront, soit en particulier ou en telle et si bonne compagnie qu'il leur plaira, s'eclaircir des choses qui sont

dans mes traitez, et aussi des erreurs qu'ils ont
commises en plusieurs de leurs ouvrages contre
les regles de leur art, non seulement en leurs premiers, mais aux derniers qui me sont connus,
tant de peinture que d'estampes, exécutées sur
leurs desseins; je promets de les leur résoudre et
monstrer cordialement et sans emportement, quand
ils le desireront faire dans cet esprit.

Car je leur souhaite de cœur et d'affection, et
principalemeut à M. le B (puisque la haute estime
qu'il s'est acquise sur tout entre-un grand nombre
d'estudians, pourroit en quelque partie luy estre
nuisible et à eux) qu'ils ayent du moins une connoissance en gros nette et distincte, à quoy doit
servir pour les objets qu'ils veulent representer en
leurs tableaux et desseins; *l'élévation de l'œil, la
distance,* et enfin leur *dégradation perspective* sur
le *plan d'assiette;* puisque scachant ces choses et
les pratiquant; ils les y pourront placer convenablement; et mesme s'il leur faut representer des
élefans, des chevaux, ou tels autres animaux qui
paroissent tirer un char, ils n'y en mettront pas un
si grand nombre de front, qu'ils soient obligez à
cause de leur mauvaise position d'en oster la moitié; et que mettant aussi l'horizon ou point de l'œil

bien bas dans un tableau, composé de plusieurs
figures humaines et autres; comme par exemple
une bataille approchant de celle de l'Empereur
Constantin, faite par R. D'VRBIN, si ils n'ont egard
à cette élevation de l'œil et de dégradation perspective, ils tomberont dans l'erreur de représenter
des figures humaines, des chevaux qui auront trois
ou quatre fois plus de longueur et de largeur qu'ils
ne devraient ; et mesmes qui montreront leur dessous au lieu du dessus, puis le costé en place d'une
partie du devant et du derrière ; et nombre d'autres
fautes très considerables, dont la plus part sont cot-
tées en mon livre des Leçons, et auquel j'explique
ce qui les a fait commettre, puis le moyen de s'en
corriger.

Et arrivant encore qu'ils composent de ces tableaux ou desseins remplis d'objets pris des ouvrages d'excellens peintres, ils seront aussi assurez
qu'il est dangereux d'en user ainsi, si l'on n'est
entendu à les placer suivant lesdites sujettions ; car
bien que ce coppiement puisse estre pris sur de
bons ouvrages, cela n'empeschera pas qu'estanz
placez inconsideremment en divers endroits de ces
tableaux, qu'ils n'y fassent (à moins d'un extrême
hazard) un très mauvais effet.

Or, toutes ces erreurs et méprises ne sont pas dès je ne scay quoy d'optique, ou de petites emissions de choses qui ne vont pas chercher le point de veuë, comme a dit et ecrit M. Felibien, mais de très gros-sières, quoy qu'elles ne soient pas reconnües d'abord de tout le monde.

Mais scachant bien et universellement les pra-tiques géometrales et perspectives, l'on evitera tous ces deffauts, et plusieurs autres amplement deduits en mes traitez, comme aussi ceux que j'ay remar-quez en des theses executées par d'excellens gra-veurs, sur les desseins de M. le B. qui est d'y met-tre nombre de points de veües en lieu d'un seul, puis des corps géometraux pour des perspectifs, et ensuitte des figures tant debout que couchées, ou de nécessité il faut supposer qu'il y eust des trous ou fosses faites exprès sur le plan d'assiette, et autres solides, pour y faire entrer ou loger une partie de leurs corps, jambes et pieds.

Et par ce que des personnes mal informées ont pû croire sur le rapport d'autruy, que feu M. DE-SARGUES et moy estions d'humeur à attaquer par ecrit imprimé ceux qui n'aquiessoient pas à nos sentiments ; je les prie de se souvenir qu'il n'y a rien de plus opposé à la vérité ; car les affiches et

utiles ecrits de nostre part, n'ont paru en public,
qu'en suitte des affiches et libelles diffamatoires de
nos envieux cachez, puis qu'ils n'y ont osé mettre
leurs noms, à la reserve d'un des disciples de celuy
qui ayant de propos délibéré malicieusement et à
faux citté il y a du temps, des erreurs dans les
œuvres de feu M. DESARGUES et souvent dit, que
quand mesme il n'y en aurait point, qu'il ne lais-
seroit pas d'ecrire qu'il en avoit trouvé, lequel
disciple a aussi témoigné avoir si bonne opinion de
luy à l'exclusion des autres, qu'il a creu avoir du
sens au delà des plus excellens géometres, architectes et peintres, tant anciens que moderne, ce
qui lui a fait comme a son dit maistre innover des
choses non seulement très faibles, mais aussi très
fausses; et où à bien paru en cet art de pourtraiture et peinture sa foiblesse; c'est d'avoir averty
ceux qui s'y veulent rendre scavans, de fuire les
regles géometrales et perspectives, et d'avoir mesme
inconsiderement avancé, qu'il n'y a que l'instinct
seul du dessinateur et du peintre, qui doit agir
dans ces ouvrages, et plusieurs autres choses aussi
peu vrayes et raisonnables.

Et sur ce qu'il a imposé volontairement sans
aucun sujet, en croyant sans doute fort obliger

quelques esprits semblables au sien, il pourra voir
par cet ecrit (s'il le desire) et par mon traité des
leçons que j'ay données dans l'Académie, son im-
position; quand il a desiré donner à entendre que
ce qui m'y avoit fait mal traiter, estoit d'y avoir
voulu enseigner de folles, fausses et erronnées doctrines; qui est sans contredit juger de moy par lui
mesme, puisqu'apresent, cela lui arriveroit, s'il
osoit se trouver en cette Académie pour y enseigner celle qu'il a publiées, et de plus faire en sorte
d'en tirer de pareils actes que les miens; outre le
contenu en mes lettres d'Academiste, pouvant
avancer avec certitude que son maistre n'y luy ne
surpendront jamais que les ignorans, par faire à
l'occasion dix fois plus de propositions et de solutions géometriques qu'il n'en faut, pour ensuitte
conclure par des faussetez.

Mais pour conclusion, je puis dire et prouver
que feu M. DESARGUES et moy, avons esté les
premiers qui ont donné au public les vrayes, faciles, promptes et universelles pratiques de perspective, conformes à celles du géometral; tant
pour tracer les contours des objets visibles de la
nature, que ceux que l'on peut avoir dans l'imagination, avec les places de leurs jours, ombres et

ombrages, et aussi la force et la foiblesse de leurs
touches, teintes, ou couleurs, pour qu'elles expriment bien leur relief ; et moy d'avoir esté le premier qui les ay expliquées dans ladite Academie
quatre années de suitte gratuitement, à l'instante
prière de ceux qui le l'ont composée les premiers,
dont l'illustre sçavant et curieux feu M. de Charmois, en estoit le très digne et premier chef ou
directeur ; et que les deputez pour cet effet, furent
MM. de LA HYRE et BOURDON, accompagnez de
MM. TESTELIN et du GRENIER LES AISNEZ ; ce que
j'ai donc fait pendant ledit temps deux fois châque
semaine avec l'applaudissement de la compagnie,
sans considerer quelques interessez envieux qui
profererent à tort plusieurs fois, que ces regles
broüilloit l'esprit des eleves ; et d'autres que c'estoit leur bailler des verges pour foüetter leurs
maistres, et pour leur marcher sur les tallons,
puisqu'il y en avoit, disoient-ils, qui entreprenoient
deslors de gloser sur leurs ouvrages.

Mais pour rendre sur cela le droit à qui il appartient, j'excepte de se nombre audit temps M. ER-
RARD, puis qu'un jour ayant assisté à quelques
unes de me leçons, il dit devant moy aux eleves
ces mots : *Messieurs, Messieurs, vous estes bien*

plus heureux que nous n'avons esté dans notre temps
d'estude ; d'avoir de telles regles et preceptes ; aussi
en devez vous profiter, et croire estre bien obligez à
ceux qui vous les donnent, et qui vous les ont pro-
curées.

Je finiray donc ce récit par celuy qui selon toute
l'apparence en est la cause, en disant, que je n'ay
jamais connu d'homme qui selon le monde, meritoit moins que l'on prist peine de l'eclairer sur les
choses qu'il ignore, puisqu'à mon sens, il n'en
recherche pas les moyens par les droites et légiti-
mes voyes ; ainsi que l'on peut avoir remarqué
dans son procedé ; et en verité s'il y avoit lieu de
se consoler, sur ce que je ne suis pas le seul qu'il a
desobligé, j'en aurois de reste, car le nombre en
est très grand ; mais comme chrestiennement le
mal d'autruy nous doit toucher, je concluray en
lui souhaittant une entiere prosperité de tous ses
bons desseins, jusqu'à quelque degré de perfection
qu'il puisse arriver j'en seray ravy.

Bref, la lettre imprimée sans autre nom d'auteur
que celuy d'écolier de l'Academie, distribuée chez
M. le B. L'extravagante copie de perspective du
sieur I. le B dediée à M. le Brun. Celle du R. P. B. A.
mal nommé la perspective affranchie. Le faible li-

belle du sieur C dit de F, et sa fausse et particuliere pratique des jours et des ombres. Puis les ridicules enoncez dans les boufis ecrits du sieur G. H. G. dit le P. G., ont estez autant de darts enflammez du malin contre moy et mes ecrits, que Dieu mercy j'ay repoussez et etains avec la seule vérité, ce qui comme je crois arrivera Dieu aydant à tous ceux qui en useront ainsi, et qui enflez de la bonne opinion d'eux mesmes, apres qu'on les a instruits gratuitement, payent d'ingratitude et de méconnoissance ceux qui leur ont fait ce bien.

Par Bosse en mars 1666.

L. S. D.

ARCHITECTURE DE BOSSE.

———

Le traité d'architecture de Bosse forme un volume in-folio contenant 92 planches avec des gravures entremêlées d'un texte explicatif. Cet ouvrage est un recueil de gravures exécutées par Bosse à différentes époques, comme l'indiquent diverses dates qui se trouvent sur les planches.

Il est divisé en plusieurs parties séparées et dont nous allons indiquer le contenu.

La 1ʳᵉ partie, précédée d'une gravure en frontispice est paginée de I à XLIV et a pour titre :

TRAITÉ DES MANIERES DE DESSINER LES ORDRES DE L'ARCHI-
TECTVRE ANTIQVE EN TOVTES LEVRS PARTIES, ETC.

Paris avec privilege (sans date, une des planches porte la date 1664.)

C'est dans cette partie que l'on trouve l'indica-

tion de divers travaux d'architecture de l'invention
de Desargues.

La 2ᵉ partie, précédée comme la première d'une
gravure pour frontispice, est paginée de A à V et a
pour titre :

REPRÉSENTATIONS GEOMETRALES

DE PLUSIERS PARTIES DE BASTIMENTS FAITES PAR LES REIGLES DE L'ARCHITECTVRE ANTIQUE, ETC.

Paris MDCLXXXVIII (malgré cette date, il y a des planches portant les dates de 1662, 1661.)

On y remarque les planches numérotées N, O,
P, Q qui donnent *les manieres de décrire les figures
ovales droites et rampantes par points donnez et par
arcs de cercles à deux ou trois ouuerture de compas.
Par Bosse, en janvier 1661, avec privilege.*

Les constructions géométriques et perspectives
que Bosse donne ici, ont dû lui être suggérées par
Desargues qui vivait encore.

La planche P a pour titre : « *Errevrs que commettent dans la prattique de la perspectiue plusieurs
qui croyent la bien sçauoir.* »

On voit que cette critique s'adresse principalement à un sieur Picheur, auteur d'un traité de perspective dédié à M. Le Brun, dans lequel se trouve cette erreur d'avoir, dans la perspective d'une colonne, employé deux points de vue, « qui est vne très-grossiere erreur, en laquelle sont tombez et tombent tous les jours tant l'auteur dudit liure que celui à qui il le la dédié, et qui s'en est rendu protecteur. »

Il répond encore à l'erreur de ceux qui veulent qu'une rangée de colonnes, mises en perspective tant à la droite qu'à la gauche du point de l'œil, soient toutes tracées rondes et d'un même demidiamètre, « ce qui est encore très-faux. »

Il démontre que la perspective d'une sphère et de toute autre surface est l'enveloppe de celles de divers cercles tracés sur sa surface, et il ajoute cette phrase : « Que quiconque conteste vne proposition fondée sur la démonstration est ignorant ou malicieux, ou peut estre les deux ensemble. » Il renvoie à son traité des Lecons données à l'Académie royale de peinture, et il termine en di- « sant : Quoy qu'en ait escrit depuis peu vn parti- « culier sur la seule bonne opinion de luy mes- « me et contre les démonstrations d'vn très grand

« nombre d'excellents géometres et peintres. »

Les planches S, T, V, consacrées à la perspective portent en titre : *Avis donné par Bosse à ceux
qui prétendent coriger les regles de perspective par
des licences et des regles de bien-sceance vision-
naire.* Il y explique des moyens de tracer la perspective d'une sphère, d'une niche, avec la détermination perspective des lignes de séparation d'ombre
et lumière et d'ombres portées. Ce sujet est savam-
ment traité, et la construction a pu aussi lui être
indiquée par Desargues.

La troisième partie, composée de deux planches
seulement, traite du tracé des frontons, etc.

Une quatrième partie, composée de deux planches sans pagination, porte pour titre :

REGLE VNIVERSELLE *pour décrire toutes sortes d'arcs rampans sur des points donnez de sujetion. Décembre* 1672.

On y trouve le tracé des coniques donnés par
certaines conditions. En tête de la seconde page,
on trouve ce passage. *Pour joindre aux observations. Ces propositions comprennent les démonstra-*

tions qui font voir que toutes les sections des pyra-
mides qui ont pour bases des ellipses, des hyper-
boles et des paraboles sont des sections coniques ; et
plusieurs problemes et théoremes fort curieux qui
avec le temps et l'occasion pourront estre mis au
joūr.

A l'époque de 1672 où ce passage a été imprimé,
Desargues était mort, ce qui n'empêche pas que
Bosse a dû se servir des idées que lui avait communiquées son maître ; il est probable qu'il a dû, aussi
sur ce sujet, consulter quelque géomètre du temps,
probablement de La Hire qui était son contempo-
rain.

La cinquième partie adressée par l'auteur

AVX CVRIEUX ET PRATICIENS

DE L'ARCHITECTVRE.

Ce chapitre est paginé de 1 à 20 et contient le
tracé et l'ornementation des portes et cheminées.
(Sans date.)

— Une dernière planche de plus grande dimen-

sion est une comparaison entre le tracé des colonnes d'après Palladio et Vignole.

Revenons au premier chapitre qui seul contient
des travaux de Desargues.

Ce 1ᵉʳ chapitre est lui-même divisé par l'auteur
en quatre parties :

La première est sur le tracé des colonnes.

*La deuxième partie est deduit le moyen de faire
que les ornements, socles et balustres des degrez ou
escaliers de consideration, s'ajustent d'un bout à
l'autre et de fond en cîme, d'un et d'autre costé,
sans irrégularité, interruption, sault ou faulce rencontre de nombre, de paralelisme ou geauge à l'en-
tresuite de leurs marches, repos ou paliers, autant
que l'occasion le sçauroit permettre.*

*La troisième partie est une pratique d'arrester en
petit un dessein sur le papier et par modelle de relief, en sorte que voulant le faire construire effectivement en grand, il fasse à l'œil l'effet que l'on
s'est proposé par l'arresté de ce petit sans estre obligé
de defaire et refaire le grand quand il est ainsi construit.*

La quatrième partie est consacrée à la détermination des ombres, etc.

Or les deuxième et troisième partie sont de l'invention de Desargues, comme nous allons le voir d'après des citations de Bosse.

A la page 11, Bosse expose plus en détail, le contenu de chaque partie et voici ce qu'il dit sur la deuxième et troisième.

« Pour les degrez ou escaliers de consideration, auant que j'eusse aucune connoissance de cette naturelle entresuitte de leurs balustres et apuis, et des régularitez et simetrie de leurs marches, repos ou pasliers, j'etois estonné d'en voir les extraordinaires erreurs et les ruptures d'entresuitte principalement, en des lieux où l'on ne manquoit pas de place, comme on les peut voir à Luxembourg, au Palais-Cardinal et à nombre de grandes maisons de cette ville; ce qui me faisoit croire que l'on ne pouvoit faire autrement jusques à ce que feu M. Desargues me l'eust enseigné et fait connoistre qu'il étoit le premier qui a corrigé cette erreur. »

« L'on verra aussi, en ce traité, si ce que j'ay compris de luy, touchant le moyen d'arrester à demeure le dessein d'un bastiment, en sorte qu'estant construit en grand il fasse l'effet que l'on peut s'estre proposé, n'est pas une belle chose et bien pensée, et si l'on n'a pas lieu de croire que les auteurs de ces beaux-ordres ne l'ignoroient pas. »

Le chapitre qui comprend « *l'art de construire les escaliers avec ornemens sans interruption du parallelisme et sans irrégularité.* Page XXXIV, comprend huit planches de gravures entremêlées avec le texte.

On voit, d'après Bosse, qu'avant Desargues, la plupart des grands escaliers étaient construits comme l'indique la figure 1, ayant des ressauts, en dessus et en dessous, à chaque palier, faisant fort mauvais effet, comme l'indique cette figure 1. Desargues a donné un tracé dont le résultat (fig. 2) supprime complétement ces ressauts et les irrégularités qui en résultaient. Son procédé consiste, comme on peut le voir dans cette figure 2, à prendre le nombre de marches qui doit exister entre deux paliers, à augmenter ce nombre d'une unité, et à diviser la distance qui, sur le plan horizontal, sépare deux paliers en un nombre de parties égales au double de ce nombre, laisser aux deux extré-

mités une de ses divisions, et prendre entr'elles
deux divisions pour chaque marche. Ainsi (fig. 2),
on veut établir entre les deux paliers six marches,
on a 6 + 1 = 7. On divise donc la distance sur le
plan horizontal, entre les pieds des verticales ci et
ab, en 14 parties égales, une de ces parties augmentera d'une demi-marche la marche dite paliere
et de même une autre demi-marche augmentera la
marche palière supérieure, et ensuite chaque
marche contiendra deux de ses divisions.

Par cette construction, on voit, en effet, que
toutes les droites horizontales et inclinées formant
les appuis et les balustres, se rencontreront sur
l'une des verticales ci et ab, et qu'ainsi il n'y aura
plus de ressauts. On remarquera que, par ce procédé, les paliers sont abaissés d'une demi-hauteur
de marche.

Ceux que ce sujet intéresse devront consulter
l'ouvrage de Bosse qui renferme des développe-
ments étendus.

Sous la fig. 1, pl. XXXIX, on trouve ce passage :

Plusieurs ont voulu, depuis quelques années,

corriger ces ressautes du bas et cime d'appuy *a* et
b ; mais ils ne l'ont pu faire qu'en rendant les pi-
lastres *ic, ba* inégaux en hauteur, ou bien l'appuy et les balustres et des irrégularités aux pi-
liers ou des marches inégales en hauteur et largeur
(fig. 1). »

« Ceux qui disent que cette pratique estoit connue de tout temps, et que ce qu'elle ne s'est pas pra-
tiquée vient du manque de place, feront, s'il leur
plaît, cette réflexion qu'encore qu'il n'en manquast
ny à Luxembourg, ny au Palais-Cardinal, ny en
une infinité d'autres splendides bastiments on n'a
laissé d'y faire ces fautes, et, au contraire, fèu
M. Desargues les a fait éviter par sa conduite à
l'hostel de l'Hôpital et en des lieux assez resserrez,
et, de plus aussi, M. Rougetz, professeur en l'art
de bastiment, auquel j'auois expliqué cette facile
pratique. »

Sur la mesme gravure XXXIX, on trouve encore ce passage :

« Dans une lettre que M. D. m'escrivoit de Lion,
sur ce sujet, il y a qu'au grand escalier de sa splen-
dide maison de ville, bastie depuis quelques années, qui ne monte qu'un seul estage, cette en-

tresuitte d'ornemens n'est pas gardée, ny cet ajustement de balustres, et mesme qu'ils portent à faux ; et, sur ce sujet, je dis que ce n'estoit pas manque de place ny d'hommes tenus pour experts en l'art de bastir, puisque c'estoit pour lors vn des fameux architectes de France ; car au Palais-Cardinal, qui est de luy, outre qu'il seroit besoin d'vn guide pour en trouuer promptement l'escalier, les erreurs cy devant dictes sont à l'excès. »

« Mais ces particularités ne peuvent estre découvertes que par de forts géomètres. »

Dans ce passage, on remarquera cette phrase « *puis que c'estoit vn des fameux architecte de France etc.* » si elle est de Bosse, elle s'adresse à Desargues ; si au contraire elle est de Desargues, elle est une critique de ce dernier sur la construction de l'escalier de l'hôtel de ville de Lyon, fait probablement sous la direction du célèbre architecte Le Mercier, dont le nom se trouve déjà associé à celui de Desargues dans les conseils qui leur sont demandés pour l'érection de cet hôtel de ville ; et alors cela expliquerait la critique de l'escalier du palais Cardinal, palais que l'on sait être de Lemercier.

Sur la même planche XXXIX, se trouve encore ce qui suit :

Le plan d'escalier ci-dessoubs (fig. 4) est de la pensée de feu M. Desargues, lequel a esté construit dans un bastiment neuf du quartier Mont-Marthe, rue de Cléry, tout à fait semblable ; car, pour faire la rampe du milieu plus large, on a rendu celles des costez plus estroites et les paliers irréguliers, ainsi que celui (fig. *f*), et les marches de la rampe du milieu courbes, comme fig. *d*, et enfin d'autres particularités de telle nature que ledit Desargues desaprouvoit, lesquels n'y seroient pas sans quelque mésintelligence qui fit que le bourgeois en confia la conduite à des personnes qui n'entendoient à fonds cette matière. »

« L'entrée A de cet escalier est dans l'angle d'une cour, la rampe première CD est opposé de front à l'entrée B, il est double, et ainsi l'on tourne à droite et à gauche de cette rampe du palier EE à ceux FF ; puis desdits FF au palier d'audessus du premier d'entrée CMB lesquels vont aux portes NN des départements. L'on peut juger qu'au dessus de la porte B, il doit y avoir une fenestre et une galerie au dessus dudit escalier, et lanterne au

milieu par hauts et dans l'angle G un piedestal avec
une figure de sculpture ; la place estant un peut contrainte, il fut arresté qus les appuis seroient en
fer, et d'autant plus que le bastiment est petit et
simple.

La planche XL a pour titre :

Perron fait, en l'année 1653, dans la grande
cour du château de Vizile, en Dauphiné, près de
Grenoble, appartenant à monseigneur le duc de
l'Ediguieres.

Et à la suite se trouve ce passage :

« Après que feu M. Desargues eut donné l'ordre
de ce perron, estant à Paris et y ayant, à l'hostel
de Thurenne de cette ville, un escalier à abattre,
contraint par la place et estage, il le fit construire
de la mesme sorte, ne le pouvant mieux, ce qui est
neanmoins très-estimé des entendus en ces sortes
d'ouvrages. »

« A costé Fig. A est en perspective un coin de ce
perron, ou l'on voit que l'arreste de l'appuy *cdfg*
rampe paralelement à celle des marches et tous
les membres d'entre elles, son inperfection n'estant
qu'en ces saults de *de, rf* sur l'appuy. »

La planche XLI qui ne contient que du texte a pour titre :

« Maniere d'arrester géometralement svr le papier les desseins des bastiments, en sorte qu'estant construits en grand, ils fassent l'effet que l'on s'est proposé. »

« Ce sujet, dû à Désargues, est expliqué dans cette page, nous en extrayons les passages suivants :

« Cette matiere demanderoit un plus ample discours pour la satisfaction de ceux qui ont génie à en rechercher le fin, je me contenteray, pour le moment, de ce discours et des deux stampes suivants :

« Il faut donc estre certain que tout ce qui est construit à dessein de plaire à l'œil, surtout des objets qui ont longueur et largeur, épaisseur ou profondeur, doit estre fondé sur l'optique.

« C'est pourquoy, afin d'arrester à demeure de semblables ouvrages sur du papier ou par modelle, en sorte d'estre asseuré que les grands fassent l'effet désiré, il en faut faire les figures d'assiette, ou plan de profil et d'elevation géometrale, sur une echelle un peu sensible, et par exemple d'un poulce pour pied ou plus, puis après examiner et considérer l'effet de ces figures en les regardant chacune à part d'un seul œil, comme en borneïant, et des divers endroits possibles : premierement de front, de costé, d'en haut, d'en bas, de prez et de loin, d'en dessus, d'en dessous, et généralement de toute façon, à distances proportionnées à la distance et élévation de l'œil, dont le grand estant mis en œuvre pourra estre veu, comme j'ay dit, tant de près que de loin, en approchant et reculant lesdites figures peu à peu de l'œil, ou l'œil d'icelles autant qu'il sera possible, examinant avec soin comment elles touchent ou affectent l'imagination, ou de trop pesant, de trop gresle et de trop petit, puis de convenance ou non, de sortes diverses entre elles, forme, contour et idée, accordante à celle de chacun des autres ; et, cet accord ou convenance n'y estant, tascher de l'y faire trouver, et ce en diminuant, augmentant, arrondissant, adoucissant, applatissant, descouvrant, cachant, anoblissant, etc., jusques à ce que de tous costez la chose revienne en agrément et que l'idée n'y trouve plus rien qui luy déplaise. »

« Or sur tout, je dis que c'est témoigner n'entendre pas la belle construction de ces ouvrages, lors que l'on y employe du temps et de l'argent à faire ce qui ne s'en verra pas, et qu'il ne suffit pas de scavoir seulement cette raison d'optique et de perspective qui oblige à eslever sur les dez ou socles, les ordres des colonnes posez sur d'autres, afin que la corniche du premier n'en cache les bases ou bas des piedestaux. »

« Mais comme il y a des personnes qui combattent souvent ce qu'ils n'entendent qu'en partie, et qui disent que l'on n'est pas obligé de regarder un edifice d'un seul endroit, ce qui est vray ; toutefois il conviendroit mieux, à mon avis, qu'il fist de divers endroits un médiocre agrément qu'vn plus grand d'vn seul, surtout quand tous ces endroits sont également destinez à estre veüs, ce qui ne detruit pas ma proposition et moins encore les figures qui suivent, et leurs discours qui acheveront mieux la déduction du total, prenant garde qu'en celle (fig. 4). et dans la planche 11, après le discours des portes, il y a une meprise qui y est corrigée. »

La planche XLIII, sur laquelle est exposé le sujet ci-dessus, porte en tête ce passage :

« Vous avez icy l'assiette d'un portail d'église d'un ordre corinthien de la pensée de feu monsieur DESARGUES, pour faire concevoir que les pointées AB, CD, EF, GH et les autres estant continuées en bas, auec celle du milieu IL, s'iront rencontrer en un point qui est celuy d'ou elle ce doit voir ; et par sa forme on verra aussi que ledit sieur (DE-SARGUES) a eu egard à ce qu'on en peut voir de cet endroit tous ces gros et menüs membres, ainsi par ce plan et par ce que deuant on doit connoistre que l'on peut arrester sur le papier, le plan d'un edifice, de sorte qu'estant construit en grand, il fasse la vision désirée, supposant qu'il y ait au dessein le mesme nombre de petits pieds de son échelle qu'en doit avoir le grand de celle du Pied de Roy. »

« Or, cette pratique bien entendue et exécutée ainsi par dessein ou modelle, on doit estre en re-pos de l'exécution en grand, puisqu'il fera l'effet desiré (scauoir) selon que l'on aura, comme je l'ay dit, l'œil et le goust fin aux belles choses.

Dans mon traité des leçons dans l'Academie Royalle de la peinture et sculpture, il y aura en-core quelques particularitez sur ce sujet. »

Nous avons cru devoir donner un extrait assez étendu des réflexions de Bosse sur ce sujet appartenant entièrement à DESARGUES, et qui consiste dans la nécessité à tout architecte de soumettre, avant l'érection d'un édifice, chacun de ses plans aux épreuves de la perspective ; et pour cela, sur chacun de ces plans, il faut rapporter l'œil de l'observateur aux divers endroits où on doit naturellement se placer pour examiner cet édifice, et alors pour chacune de ces positions de l'œil, examiner attentivement chacun de ces plans de manière à pouvoir les corriger des effets désagréables produits par les diverses saillies, sur l'ensemble du monument.

Cette idée de Desargues est très-judicieuse et me semble malheureusement trop négligée de nos jours.

Ces extraits de l'architecture de Bosse sont d'autant plus intéressants qu'ils confirment ce que nous avons déjà annoncé ; c'est que Desargues était véritablement architecte, et que, dans cet art de l'architecture, on lui doit plusieurs perfectionnements importants.

Bosse a composé encore d'autres ouvrages, *le catalogue des livres qu'il a mis au jour par impression,* se trouve à la fin du livre ayant pour titre : *Le peintre converty,* etc.

Nous avons donné une analyse de ceux seulement qui ont rapport à Desargues.

———

NOTICES SUR DESARGUES

EXTRAITES DE LA VIE DE DESCARTES PAR BAILLET,

Paris 1691, 2 vol. in-4°,

ET DES LETTRES DE DESCARTES.

NOTICES SUR DESARGUES

EXTRAITES DE LA VIE DE DESCARTES,

PAR BAILLET,

Paris 1691, in-4°, 2 volumes.

Page 143.— année 1626.

« M. des Argues (Girard) fut l'un de ceux qu'il
se fit un devoir de conserver toute sa vie. Il étoit
Lyonnois de naissance ; se faisoit distinguer dès
lors par son mérite personnel ; et pour ne rendre
pas inutile au public la connoissance qu'il auoit
des mathématiques et particulièrement de la méchanique, il employoit particulièrement ses soins à
soulager les travaux des artisans par la subtilité de
ses inventions. En quoy il s'attira d'autant plus
l'estime et l'amitié de M. Descartes, que de son
côté il songeoit déjà au moyen de perfectionner
la méchanique pour abréger et adoucir les travaux
des hommes. Ce fut M. des Argues qui contribua

principalement à le faire connoistre au cardinal de Richelieu et quoi que M. Descartes ne prétendit tirer aucun avantage de cette connoissance, il ne laissa pas de se reconnoistre très-obligé au zèle que M. des Argues faisoit paroître pour le servir. Il a survécu à M. Descartes de quelques années.

DESCARTES AU SIEGE DE LA ROCHELLE.

Page 157 — 1628 (M. Fr. p. 645 ad. an. 1628) « Voila ce que M. Descartes fut curieux de re-marquer, comme une infinité d'autres personnes, que ce spectacle avoit attiré au siège de La Ro-chelle. Il ne se contenta pas d'en repaître ses yeux: il se procura encore le plaisir de s'en entretenir avec les ingenieurs et particulierement avec son amy M. des Argues, qui avoit eu quelque part à tous ces dessins, et qui étoit considéré du cardi-nal Richelieu pour la grande connoissance qu'il avoit de la méchanique.

PEU D'ESTIME DE DESCARTES POUR BEAUGRAND, A PROPOS DE DESARGUES.

Page 358 — 1638.

M. Beaugrand avoit encore contribué de son

côté à diminuer l'estime que M. Descartes pouvoit
avoir eue de son cœur et de son esprit, lorsqu'il
s'étoit laissé aller à la jalousie contre M. des Argues. Voyant que celuy-ci s'interessoit avec le
P. Mersenne pour servir M. Descartes dans la pour-
suite du privilège qu'on demandoit à la cour de
France pour l'impression de ses ouvrages, il crut
devoir y jetter des obstacles suivant le mauvais en-
gagement où il s'étoit mis de prendre le contre-
pied de M. des Argues.

Page 360. — « Vous m'avez envoyez deux discours, (dit M. Descartes au P. Mersenne), dont l'un
est contre M. Beaugrand et l'autre est de la composition de M. des Argues. J'avais déjà vu le second
qui est agréable et de bon esprit....

Je n'ay reçu, (dit-il au même père) que depuis
peu de jours, les deux petits livres in-folio que
vous m'avez envoyez, dont l'un qui traite de la
perspective (et qui est de M. des Argues) n'est pas à
des-approuver, outre que la curiosité et la netteté
de son langage est à estimer.....

Page 361. — Les instances que le père Mersenne
et M. des Argues firent à M. Descartes l'emportèrent
pourtant sur la résolution qu'il avoit prise de ne
point voir le livre de M. Beaugrand (Géostatique)...
ayant trouvé le livre plus mauvais que son préjugé
ne le luy avoit fait concevoir..... il envoie sa réponse à M. des Argues et au P. Mersenne. — Observation de M. des Argues..... d'ou résulte la
prière de Descartes au P. Mersenne d'effacer les
dernieres lignes de son ecrit.

M. des Argues n'est pas content que M. Descartes renonce à la géometrie ; M. Descartes en sa
considération s'explique sur ce renoncement.

La principale raison que M. Descartes avoit allé-
guée pour se dispenser de chercher le solide de la
roulette etoit qu'il renonçoit tout de bon à la géométrie. Cette nouvelle ne plut pas aux géomètres
de Paris du nombre de ses amis qui attendoient
de luy des opérations de plus en plus extraordinaires sur cette science. M. des Argues sur tous les
autres ne put s empecher d'en temoigner son dé-
plaisir au P. Mersenne qui le fit trouver bon à
M. Descartes comme un temoignage de l'estime

qu'il avoit pour tout ce qui pouvoit venir de sa
part. M. Descartes le prit en bonne part et se
tint très-obligé à M. Desargues de son inquié-
tude, etc.

M. des Argues étoit de ce petit nombre d'amis en
faveur desquels il avoit bien voulu mettre une
exception à la regle qu'il s'etoit prescrite quinze
ans auparavant de ne plus perdre son temps à
donner la solution des problemes de géometrie. Il
fit même quelque chose de plus pour l'amour de
M. des Argues en particulier. Car ayant scu que
les endroits de sa géometrie imprimée où il avait
affecté d'être obscur, faisoient de la peine à cet ami,
il voulut luy en donner luy-même les eclaircisse-
mens par un ecrit qu'il fit exprès, pour lui faire
connoître jusqu'ou alloit le zèle qu'il avoit pour
son service. Il pria le P. Mersenne de l'assurer de
la reconnoissance qu'il avoit de tous ses bons offi-
ces, et de luy témoigner que ce n'étoit pas pour
luy qu'il avoit souhaité de se rendre obscur, mais
pour certains envieux qui se seroient vantez d'avoir
scu sans son secours les memes choses qu'il avoit
ecrites.

Outre ces éclaircissemens sur quelques endroits
proposez par M. des Argues, il consentit qu'un

gentil-homme hollandois de ses amis entreprit
une introduction réguliere de sa géometrie.

Descartes croyoit que le traité des coniques de
Pascal etoit de M. des Argues, disant « qu'il avoit
été confirmé dans cette pensée par la confession
que l'auteur en avoit faite » — désabusé sur ce sujet, il aima mieux croire que M. Pascal pere en
etoit l'auteur que de se persuader qu'un enfant
de cet age fut capable d'un ouvrage de cette
sorte, etc.

Page 41, t. 2.

C'est aussi le vray semblable qui avoit pu engager
M. Descartes dans cette erreur de fait, lorsque se
souvenant de la liaison de M. des Argues avec Messieurs Pascal, et voyant dans le traité du jeune
auteur de seize ans des choses qu'il croyoit avoir
vües peu de temps auparavant dans l'ecrit de M. des
Argues, il jugea que celui-cy pouvoit avoir eu
part à ce traité, d'autant plus que M. Pascal y al-
leguoit M. des Argues. Il est certain que M. des
Argues écrivit vers le même temps quelque chose
sur les sections coniques. Mais avant qu'on parlat
encore du traité de M. Pascal ; il y avoit dressé un

projet de son dessein qu'il avoit fait envoyer à
M. Descartes par le P. Mersenne afin d'avoir son
sentiment sur la maniere de traiter cette matiere
qu'il jugeroit la plus convenable. Il faut avouer
que M. des Argues écrivoit le mieux en notre langue de tous les mathématiciens françois après
M. Descartes, et qu'il avoit un talent merveilleux
pour exprimer agréablement et au goût même des
délicats les choses les plus stériles et les plus abstraites. M. Descartes ne voulant pas satisfaire à demi un homme à qui il se croyoit redevable de
beaucoup de services, luy recrivit en ces termes :
« Sur ce que j'ay pu conjecturer du traité des sections coniques dont le P. Mersenne m'a envoyé le
projet, j'ay jugé que vous pouviez avoir deux desseins qui seroient fort bons et fort louables, mais
qui ne demanderoient pas tous deux la même maniere d'y procéder.

A PROPOS DE LA QUERELLE DE DESCARTES AVEC
LE P. BOURDIN.

Tome 2, page 84.

..... Ses amis (de Descartes) en étoient per-
suadez mieux que luy. M. des Argues, entre les

autres, ayant généreusement entrepris sa défense
en un pas si glissant, crut qu'il suffisoit pour l'execution de son dessin, de s'adresser au seul P. Bourdin, Cet ami ne se contenta pas de plaider la cause
de M. Descartes contre le père : il chercha encore
les moyens de faire entrer celui—ci dans des voyes
de paix et d'amitié. C'est ce que le P. Mersenne
manda à M. Descartes qui témoigna être extremement obligé à M. des Argues de vouloir prendre la peine de *catechiser le P. Bourdin ;* ajoutant
que c'etoit le meilleur expédient qu'on put prendre
pour lui faire *chanter la palinodie de bonne grace,*
pourvu qu'il voulut se laisser convaincre.

Au sujet du livre des méditations metaphysique
Descartes demande des censeurs, il dit : » au reste je
ne serais point fâché que M. des Argues fut aussi
l'un de mes juges, s'il luy plaisoit d'en prendre la
peine, et je me fie plus en lui seul qu'en trois théologiens. »

Tome 2 des lettres, page 281. Sur les ouvrages
de des Argues.

Pour revenir au livre des méditations métaphy-

siques, nous avons vu que M. Descartes avoit fait
prier M. des Argues de vouloir être du nombre de
ses juges. Mais il se contenta d'en être le lecteur et
l'approbateur. Au lieu de son jugement, il fit tenir à M. Descartes par le P. Mersenne un papier
qui selon toutes les apparences contenoit le projet
ou une portion du livre *de la manière de poser l'essieu aux cadrans solaires* qu'il publia quelques
temps après. M. Descartes le lut avec plaisir et
trouva que l'invention en etoit fort belle et d'autant plus ingénieuse qu'elle etoit plus simple. Elle
etoit parfaitement conforme à la théorie, mais il
luy fit donner pour réussir plus surement dans la
pratique un expédient plus commode que celuy
qu'il avoit inventé. M. des Argues luy avoit fait en
même temps présent d'un nouveau livre de sa composition touchant la maniere de couper les pierres
à bâtir. Le livre parut sous le titre de *la Pratique
du trait et preuves pour la coupe des pierres en l'architecture.* M. Descartes le parcourut sur le champ,
et il ne differa de l'étudier, que parce qu'il n'en
avoit pas reçu les figures qui etoient de la gravure
d'Abraham Bosse. Il en fit remercier l'auteur par
le pere Mersenne, à qui il donna en même temps
commission de luy faire sçavoir ce que M. des Ar-

gues disoit avoir trouvé touchant l'algebre, afin qu'il put juger en peu de mots de ce que ce pouvoit être. M. Descartes avoit le goût assez difficile ; mais soit que l'amitié l'aveuglat, soit que M. des Argues fut un très habile homme, il avoit coutume de louer tout ce qu'il voyoit de luy, et il l'estimoit avec d'autant plus de raison, qu'il voyoit que M. des Argues faisoit servir ses connoissances à l'utilité publique de la vie plutôt qu'à la vaine satisfaction de notre curiosité. Son génie luy fit encore produire d'autres ouvrages dans la suite des temps, et M. Descartes en fut toujours partagé des premiers. De ce nombre furent le livre de la perspective et celuy de la maniere de graver en taille-douce à l'eau-forte. (Le premier de ces deux ouvrages doit etre la perspective de Bosse 1643, à laquelle des Argues prit part ; le second est de Bosse seul sans l'intervention de des Argues.)

M. des Argues ne fit plus rien après la mort de Descartes, auquel il survécut de plus de onze ans, etant près de trois ans plus agé que luy. Il avoit préféré la vie retirée à celle de la cour dès le vivant de son amy ; et il passa le reste de ses jours à méditer sur les mathématiques, et à cultiver le bien qu'il avoit à Condrieu dans le Lyonnois.

LETTRES DE DESCARTES.

Année 1637, au R. P. Mersenne, avril 1637.

(Edit. Cousin, page 297, tome 6.)

AU SUJET DE LA GÉOSTATIQUE DE BEAUGRAND.

«..... Je vous assure que je ne suis point desireux de voir ses livres, et qu'encore qu'il y ait longtemps que vous m'avez ecrit de sa géostatique, je n'ai jamais eu néanmoins aucune envie de la voir, sinon depuis votre derniere que je l'ai fait chercher à Leyde, ou ne s'étant pas trouvée, on m'a offert de la faire venir de Paris; mais je ne l'ai point désiré, parcequ'en effet je ne crois pas qu'un homme de telle humeur puisse être habile homme, ni avoir rien fait qui vaille la peine d'être lu. Que si je l'eusse trouvée, je n'aurais pas manqué de vous en ecrire mon opinion, tant à cause que vous le desirez, qu'a cause que vous me mandez aussi

que M. des Argues le desire ; car lui ayant de l'o-
bligation, ainsi que j'apprends par vos lettres, je
serais bien aise de lui témoigner qu'il a sur moi
beaucoup de pouvoir, comme en effet il ne faudroit
pas en avoir peu pour m'obliger à reprendre les
fautes d'autrui : car mon humeur me porte qu'à
rechercher la vérité, et non point à tâcher de faire
voir que les autres ne l'ont pas trouvée. »

ANNÉE 1638, AU R. P. MERSENNE, 24 FEVRIER 1538.

(Au sujet de sa querelle avec Format, dont les pièces sont envoyées à
Mydorge.)

Page 396, tome 6.

«..... Au reste je vous supplie et vous conjure
de vouloir retenir des copies de tout, et de les faire
voir à tous ceux qui en auront la curiosité ; comme,
entre autres, je serais bien aise que M. Desargues
les vit, s'il lui platt d'en prendre la peine..... »

(Année 1638. Page 121) tome 7.

« M. des Argues m'oblige du soin qu'il lui plait
avoir de moi en ce qu'il témoigne être marri de ce

que je ne veux plus étudier en géométrie ; mais je n'ai résolu de quitter que la géométrie abstraite, cest à dire la recherche des questions qui ne servent qu'à exercer l'esprit, et ce afin d'avoir d'autant plus de loisir de cultiver une autre sorte de géométrie, qui se propose pour question l'exp'ication des phénomènes de la nature : car, s'il lui plait de considérer ce que j'ai écrit du sel, de la neige, de l'arc-en-ciel, etc., il connaîtra bien que toute ma physique n'est autre chose que la géométrie.

Pour ce qu'il desire savoir de mon opinion touchant les petites parties des corps, je vous dirai que je ne les imagine pas autrement que comme les pierres dont une muraille est composée, ou les planches dont on fait un navire ; à savoir, on peut plus aisement les séparer les unes des autres que les rompre ou les rejoindre ou leur donner d'autres figures ; mais on peut aussi toutes ces choses, pouvu qu'on ait les outils qui sont propres à cet effet.....

..... Je remercie M. Des Argues de l'observation qu'il dit avoir apprise des mineurs : mais il est malaisé de bien juger de la cause de telles expériences lorsqu'on ne les sait que par le rapport d'autrui.....

(16 mai 1638. Page 155-56, tome 7).

Pour ce que M. Des Argues vous a dit de la part de M. Bautru je n'ai rien à y répondre, sinon que je suis leur très humble serviteur mais que je ne crois point que les pensées de M. le card nal se doivent abaisser jusqu'à une personne de ma sorte.

Je vous envoie une partie de l'écrit que je vous avois promis pour l'intelligence de ma géometrie; le reste n'a pu être transcrit, c'est pourquoi je le garde pour un autre voyage. Il a principalement été fait à l'occasion de M. Des Argues, mais je ne serai pas marri que tous les autres qui auront envie de s'en servir en aient des copies, au moins ceux qui ne se vantent point d'avoir une méthode meilleure que la mienne; car pour ceux-ci, ils n'en ont que faire, et je me suis expressément rendu un peu obscur en quelques endroits, afin que de telles gens ne se pussent vanter d'avoir su sans moi les mêmes choses que j'ai écrites.

(15 novembre 1638.) Page 13, tome 8.

La pensée de M. Des Argues touchant le centre de gravité d'une spèhre n'est pas fort éloignée de ce que je vous en avais écrit ; mais nous nous sommes, comme je crois, mécomptés l'un et l'autre ; car le rayon de la sphère étant AD, et le centre de la terre C, il est certain que si AD est moyenne proportionnelle entre AC et AB, le point B est le centre de gravité des deux parties opposées D et E ; mais il n'est pas pour cela le centre de gravité de toute la sphère, ni seulement de toute la superficie de cette sphère : car ces deux parties D et E ne sont que deux points de cette superficie, il est certain aussi que faisant AF triple de FB, le point F est le centre de gravité de toutes les parties opposées qu'on peut imaginer, les unes dans le rayon AD, et les autres dans le rayon AE, qui aient en elles même proportion que les superficies de plusieurs sphères inscrites l'une dans l'autre, ce qui n'est non plus le vrai centre de gravité d'une sphère comme je l'avais pensé, et il y a beaucoup plus de difficulté à le trouver.

(Année 1639, 4 janvier 1639.)

A Monsieur Des Argues,

MONSIEUR,

La franchise que j'ai pu remarquer en votre
humeur, et les obligations que je vous ai, me con-
vient à écrire ici librement ce que je puis conjecturer du traité des sections coniques dont le R. P.
Mersenne m'a envoyé le projet. Vous pouvez avoir
deux desseins qui sont fort bons et fort louables,
mais qui ne requierrent pas tous deux même façon de procéder : l'un est d'écrire pour les doctes
et de leur enseigner quelques nouvelles propriétés
de ces sections qui ne leur soient pas encore connues, et l'autre est d'ecrire pour les curieux qui
ne sont pas doctes, et de faire que cette matière
qui n'a pu jusqu'ici être entendue que de fort peu
de personnes, et qui est néanmoins fort utile pour
la perspective, la peinture, l'architecture, etc.,
devienne vulgaire et facile à tous ceux qui la voudront étudier dans votre livre. Si vous avez le premier, il ne me semble pas qu'il soit nécessaire d'y
employer aucuns nouveaux termes ; car les doctes

étant déjà accoutumés à ceux d'Apollonius, ne les
changeront pas aisément pour d'autres, quoique
meilleurs, et ainsi les vôtres ne serviraient qu'à
leur rendre vos démonstrations plus difficiles, et à
les détourner de les lire. Si vous avez le second, il
est certain que vos termes qui sont françois et dans
l'invention desquels on remarque de l'esprit et de
la grâce, seront bien mieux reçus par des personnes non préoccupées que ceux des anciens, et
même ils pourront servir d'attrait à plusieurs pour
leur faire lire vos écrits, ainsi qu'ils lisent ceux
qui traitent des armoiries, de la chasse, de l'architecture, etc., sans vouloir être ni chasseurs, ni architectes, seulement pour en savoir parler en mots
propres. Mais si vous avez cette intention, il faut
vous résoudre à composer un gros livre, à y expliquer tout si amplement, si clairement et si distinctement, que ces messieurs qui n'étudient qu'en
bâillant, et qui ne peuvent se peiner l'imagination
pour entendre une proposition de géométrie, ni
tourner les feuillets pour regarder les lettres d'une
figure, ne trouvent rien en votre discours qui leur
semble plus malaisé à comprendre qu'est la description d'un palais enchanté dans un roman. Et à
cet effet il me semble que pour rendre vos démons-

trations plus triviales, il ne serait pas hors de propos d'user des termes et du calcul de l'arithmétique, ainsi que j'ai fait en ma géométrie ; car il est bien plus de gens qui savent ce que c'est que multiplication, qu'il y en a qui savent ce que c'est que composition de raisons, etc.

Pour votre façon de considérer les lignes parallèles, comme si elles s'assemblaient à un but à distance infinie, afin de les comprendre sous le même genre que celles qui tendent à un point, elle est fort bonne, pourvu que vous vous en serviez, comme je m'assure que vous faites, pour donner à entendre ce qui est obscur en l'une de ces espèces, par le moyen de l'autre, où il est plus clair et non au contraire. Je n'ajoute rien de ce que vous écrivez du centre de gravité d'une sphère, car j'ai assez mandé cidevant au père Mersenne ce que j'en pensois, et vous mettez un mot à la fin de vos corrections qui montre ce qui en est : mais je vous demande pardon si le zèle m'a emporté à vous écrire si librement toutes mes pensées, et je vous prie de me croire, etc.

(Page 88, tome 8.)

« ..... C'est pourquoi je vous supplie très humblement une fois pour toutes, non seulement de ne

convier personne à m'envoyer quelque chose de
leurs écrits, mais même de refuser autant civile-
ment qu'il se pourra tous ceux qu'on pourroit avoir
envie de m'envoyer. J'ai excepté toutefois les coniques de M. Des Argues ; car je lui ai tant d'obligation, qu'il n'y a rien que je ne voulusse faire
pour le servir ; et cependant entre nous, je ne
saurois guère m'imaginer ce qu'il peut avoir écrit
de bon touchant les coniques ; car, bien qu'il soit
aisé de les expliquer plus clairement qu'Apollonius
ni aucun autre, il est toutefois, ce me semble, fort
difficile d'en rien dire sans l'algèbre qui ne se
puisse encore rendre beaucoup plus aisé par l'algèbre, etc.

(Page 214, tome 8.)

J'ai reçu aussi l'essai touchant les coniques du
fils de M. Pascal et avant que d'en avoir lu la moitié,
j'ai jugé *qu'il avoit appris de M. Desargues ;* (1)
ce qui m'a été confirmé incontinent après par la
confession qu'il en fit lui même.

(Page 231, 8ᵉ vol., 11 juin 1640.)

---

(1) (**Note** de Clerselier.) Des personnes qui croient le bien savoir
disent que cela peut être faux; mais je ne doute point que M. Descartes ne dise vrai, car il n'étoit point homme à controuver des
mensonges.

Pour entendre ce que vous demandez de la part de M. Des Argues, comment la dureté des corps peut venir du seul repos de leurs parties, etc.

(Page 234, sur le même sujet.)

Pour les muscles de notre corps, ils ne sont durs et tendres, qu'à cause qu'ils sont pleins d esprits animaux, etc. Au reste, je ne me suis étendu sur ce sujet, à cause que vous le demandiez au nom de M. Des Argues, à qui je serois bien aise de témoigner que je suis son très humble serviteur.

(Page 309. 30 juillet 1640.)

1° Je viens à votre dernière du quinzième juillet, où vous me proposez de m'envoyer quelque écrit du géomètre qui a écrit contre M. Des Argues, ce que je vous prie de ne point faire, car je suis assuré que tout ce qui vient de lui ne peut rien valoir, et je ne désire pas seulement voir ce qu'il ecrira contre moi.

(Il s'agit ici de Beaugrand.)

(31 décembre 1640. Page 433, tome 8) au sujet de sa métaphysique.

« Je vous enverrai peut-être dans huit jours, un abrégé des principaux points qui touchent Dieu et l'ame, lequel pourra être imprimé avant les méditations, afin qu'on voie où ils se trouvent ; car autrement je vois bien que plusieurs seront dégoûtés de ne pas trouver en un même lieu tout ce qu'ils cherchent. Je serais bien aise que M. Des Argues soit aussi un de mes juges, s'il lui plait d'en prendre la peine, et je me fie plus en lui seul qu'en trois théologiens.

(28 février 1641. Page 493, tome 8.)

Je viens de recevoir votre dernière du 19 janvier, avec le papier de M. Des Argues que je viens de lire tout promptement. L'invention en est fort belle, et d'autant plus ingénieuse qu'elle est plus simple ; car il n'y a pas grande difficulté à reconnaître qu'elle est conforme à la théorie, en considérant seulement que ces trois premières verges représentent trois lignes droites en la superficie du cône que décrit l'ombre du soleil ce jour-là, et que leur rencontre est le sommet de ce cône : que le triangle est imaginé inscrit dans le cercle de l'Equateur, duquel il trouve le centre par la rencontre des deux perpendiculaires sur les deux côtés de ce triangle, et que la ligne tirée de la rencontre de ces perpendiculaires à l'un des angles est le rayon de ce cercle, d'où le reste est évident. Mais il me semble que pour la pratique, l'usage de ces deux

fils de métal n'est pas si exact que s'il faisait faire
un triangle de carton ou autre matière, dont on
appliquerait les trois angles aux trois divisions
marquées sur les verges, après y avoir fait un trou
rond de la grosseur du style, dont le centre serait
en la rencontre des perpendiculaires : car en passant le style par ce trou et le haussant jusqu'à la
rencontre des trois verges, on le poserait en sa
juste situation.

Je vous prie de l'assurer que je suis fort son serviteur, et le remercie de ce qu'il a souvenance de
moi, pour m'envoyer de ses écrits. Je n'ai pu encore étudier son traité pour la coupe des pierres,
à cause que je n'en ai pas reçu les figures. Si vous
m'apprenez quelque chose de ce qu'il dit avoir
trouvé touchant l'algèbre, je pourrai peut-être
juger ce que c'est en peu de mots ; mais pour ce
qui est de se servir en même façon du *plus* ou du
moins c'est chose que nous avons toujours pra-
tiquée.

(Lettre citée par M. Chasles, page 379, tome IV, adressée
au P. Mersenne.)

La façon dont il commence son raisonnement,
en l'appliquant tout ensemble aux lignes droites et

aux courbes est d'autant plus belle qu'elle est plus
générale, et semble être prise de ce que j'ai coutume de nommer métaphysique de la géométrie,
qui est une science dont je n'ai point remarqué
qu'aucun autre se soit servi, sinon Archimède.
Pour moi, je m'en sers toujours pour juger en général des choses qui sont trouvables et en quels
lieux je les dois trouver.

Lettre, tome IV, page 257, citée par M. Chasles.

Je n'ai reçu que depuis deux jours les deux petits livres in-folio que vous m'avez envoyés, dont
l'un qui traite de la perspective, n'est pas à désapprouver, outre que la curiosité et la netteté de
son langage est à estimer.

DIVERSES NOTICES

sur

DESARGUES

par

1° LE P. COLONIA;   3° M. PONCELET;
2° PERNETTY;   4° M. CHASLES.

NOTICE

PAR LE P. COLONIA,

HISTOIRE LITTÉRAIRE DE LA VILLE DE LYON, AVEC UNE BIBLIOTHÈQUE DES AUTEURS LYONNAIS SACRÉS ET PRO-FANES,

QUI COMMENCE A L'ANNÉE 600 ET FINIT A L'ANNÉE 1730.

Lyon 1730, 2 vol. grand in-quarto.

―――――

Page 807, tome II.

Gerard des Argues, peu connu, ou oublié dans sa patrie, comme il arriva à Archimède, mais exalté et admiré par les étrangers, fut, dit M. de La Hire un des plus excelleuts géomètres de notre siè-cle. Il mourut à Lyon en 1661 ou 62 et il y étoit né en 1593. D'une famille ancienne et noble qui fut éteinte avec lui. Il fut un des plus intimes

amis de Descartes ; il le fit connaître au cardinal
Richelieu, il le défendit contre M. de Fermat et
contre le P. Bourdin, et il l'assista de toutes ses
forces durant sa retraite en Hollande. M. Descartes
ne manqua pas de retour pour ce fidèle ami ; il fut
toujours dans un intime commerce avec lui ; il
voulut qu'il fut un des juges et des censeurs de ses
méditations métaphysiques *se fiant plus à lui seul,*
disoit-il, qu'à trois théologiens *ensemble.* Il donna
à sa considération, les éclaircissemens qu'il avoit
jusque là refusé de donner sur sa géométrie ; il
loua fort ses ouvrages, lui qui ne loüoit rien ; il
porta même trop loin la prévention en faveur de
son ami. M. Pascal ayant mis au jour à l'âge de
seize ans son traité des sections coniques, qui
étonna les plus vieux géomètres, M. Descartes
s'obstina, malgré tout ce qu'on put lui dire, à le
donner à M. des Argues qui y etoit cité avec honneur. *Il aima mieux,* dit Baillet, *lui chercher un*
auteur parmi les mathématiciens les plus consom-
més que de l'attribuer à un enfant. M. Des Argues
méritoit par ses rares talents et par ses ouvrages
tous utiles au public, l'estime et les louanges d'un
homme tel que Descartes. Ses principaux ouvrages
sont, *un traité de perspective.....* Manière de poser

l'essieu aux cadrans solaires, manière que Descartes
appelle simple et ingénieuse ; la pratique du trait
et preuves pour la coupe des pierres en l'architecture.... (Manière de graver en taille douce à l'eau-
forte) ; traité des sections coniques, etc.; et ce qui
relève le prix de ces ouvrages, c'est que leur auteur
fut un des premiers, ou peut-être le premier qui
sçut assaisonner par les graces du langage ces matières ou sèches ou abstraites. M. Des Argues se re-
tira à Lyon vers les dernières années de sa vie. Il y
a laissé (à la maison de M. de Saint-Oyen au bout
du pont de pierres de la Saône sur le quai de Vil-
leroi) un rare monument de la bonté de sa méthode
pour la coupe des pierres. C'est une trompe qui
soutient en l'air une grande maison presque entière, et cette trompe est la pièce la plus hardie qui
ait été faite en ce genre. Les gens de lettres appren-
dront ici avec plaisir qu'on va bientôt donner au
public une édition complette des œuvres de Des
Argues et qu'on veut même y faire entrer le dessin
et le profil de cette trompe, et de la maison qu'elle
soutient du moins en partie. M. Richer, chanoine
de Provins, à la politesse duquel je suis redevable
de deux mémoires curieux et détaillés sur les ouvrages de son ami M. de Lagny et sur ceux de

M. Des Argues, sera, si je ne me trompe, l'éditeur
de cet important ouvrage qui intéresse singulière-
ment la ville de Lyon. (Les mémoires que M. le
chanoine Richer m'a fait l'honneur de m'envoyer,
mériteroient d'être insérez ici tout au long. Mais la
pure crainte de trop grossir ce deuxième tome qui
passe déjà les bornes d'un juste volume, ne m'en
laisse pas la liberté).

RECHERCHES

POUR SERVIR A L'HISTOIRE DE LYON, OU LES LYONNOIS
DIGNES DE MÉMOIRE. LYON 1757,

PAR PERNETTY.

Page 66, 2ᵉ vol.

Gerard Desargues, peu connu dans sa patrie, fut
admiré des étrangers. Il étoit né à Lyon en 1593
d'une famille ancienne et noble qui s'est éteinte
avec lui ; il fut un des plus intimes amis et des plus
zélés défenseurs de Descartes, il prit son parti contre
Fermat et le P. Bourdin. Il le fit connoître au cardinal de Richelieu, l'aida dans sa retraite en Hollande. La reconnoissance ne fut pas le seul sentiment qu'il inspira à ce philosophe. Descartes
l'estimoit, il le demanda pour censeur de ses méditations métaphysiques, il donna à sa considération les éclaircissements qu'il avoit jusqu'alors
refusés sur sa géometrie, il loua les ouvrages de

Desargues, lui qui ne louoit personne, et lorsque le traité des sections coniques parut, au grand étonnement des meilleurs géomètres, Descartes s'obstina à le donner à Desargues, ne voulant pas croire qu'il fut de Pascal qui n'avoit que 16 ans, il n'y eut que Desargues lui-même qui put lui faire entendre raison.

M. De La Hire avoit autant d'estime pour lui que Descartes. Ses principaux ouvrages sont un traité de Perspective, la manière de poser l'essieu aux cadrans solaires, la pratique du trait et preuves pour la coupe des pierres, un traité des sections coniques. Les graces du langage donnoient un nouveau mérite aux ouvrages de Desargues, il passa à Lyon les dernières années de sa vie, il mourut en 1662. Nous avons un monument pour la coupe des pierres dans cette trompe hardie qui soutient une maison du pont de pierre du côté du quai Villeroy.

———

NOTICE SCIENTIFIQUE

SUR DESARGUES,

PAR LE GÉNÉRAL PONCELET.

EXTRAIT DE SON TRAITÉ DES PROPRIÉTÉS PROJECTIVES.

Introduction, page xxxviii et suivantes, 1822.

———

Desargues, ami de l'illustre Descartes, et dont
celui-ci faisoit le plus grand cas comme géomètre ;
Desargues qu'on peut appeler, à plus d'un titre, le
Monge de son siècle, que les biographes n'ont point
assez connu, ni assez compris ; Desargues enfin
que des contemporains, indignes du beau titre de
géomètre, ont noirci, persécuté et dégoûté, pour
n'avoir pu se mettre à la hauteur de ses idées et de
son génie, fut, je crois, le premier d'entre les modernes qui envisagea la géométrie sous le point de
vue général que je viens de faire connaître. Il traita
soit par les considérations de l'espace, soit par la

théorie des transversales, quelques-unes des propriétés des triangles et du quadrilatère, en imagi-
nant, à cet effet, une notation ingénieuse à l'aide
de laquelle il réduisait la multiplication et la division des rapports composés, qui se reproduisent à
chaque pas dans cette théorie, à de simples addi-
tions et soustraction de quantité. On peut en voir
un exemple dans une petite note placée à la fin de
certains exemplaires du *traité de perspective* publié, en 1648, par Bosse, qui n'était rien moins
que géomètre, bien qu'il fut excellent graveur et
qu'il eut reçu des leçons de Desargues.

Descartes écrivait en janvier 1639, au sujet d'un
papier de Desargues que lui avait transmis le Père
Mersenne :   La façon dont il commence son raisonnement, en l'appliquant tout ensemble aux lignes droites et aux courbes, est d'autant plus belle
qu'elle est plus générale et semble être prise de ce
que j'ai coutume de nommer la Métaphysique de
la géométrie, qui est une science dont je n'ai point
remarqué qu'aucun autre se soit jamais servi, sinon Archimède. Pour moi, je m'en sers toujours
pour juger en général des choses qui sont trouvables, et en quels lieux je les dois trouver.» Il ajoute
qu'on ne doit pourtant pas tellement s'y fier qu'on

se croie dispensé de toute espèce de démonstration:
que, par exemple, en appliquant les mêmes raisonnemens aux lignes droites et aux courbes, il
faut prendre garde qu'il n'y ait rien qui appartienne
à leur différence spécifique. »

Il paraît bien évident, d'après cette lettre, que
Desargues avait deviné et connu l'extension qu'on
pouvait donner aux principes élémentaires de la
théorie des transversales, en les appliquant indis-
tinctement aux systèmes de lignes droites et aux
lignes courbes ; et en effet, M. Carnot a démontré
depuis, dans sa géométrie de position (Voy. le
ch. 1ᵉʳ, sect. II, du présent ouvrage), que la relation entre les segmens, formés sur les côtés d'un
triangle coupé par une courbe géométrique d'ordre
quelconque, est précisément celle qui a lieu pour
un autre triangle coupé par un système de droites
en nombre égal à celui qui marque le degré de cette
courbe ; de sorte que, sous ce point de vue général, le système de deux, de trois..... droites tracées
dans un plan, doit être considéré comme représentant une courbe du 2ᵉ, du 3ᵉ..... ordre, doit
jouir des mêmes propriétés, quant à ce qui concerne la direction indéfinie des lignes et leurs rapports indéterminés de grandeur, propriétés que

nous avons ci-dessus caractérisées par l'épithète de projectives.

Au surplus, il ne paraît pas que Desargues ait rien écrit sur les courbes d'ordre supérieur, et qu'il y ait envisagé la question dans toute sa généralité ; il est, au contraire, raisonnable de croire qu'il s'est contenté d'examiner le cas où la courbe est simplement une section conique, pour lequel le théorème de M. Carnot peut se demontrer directement et d'une manière purement élémentaire. C'est ce qu'on voit par une autre lettre de Descartes, où il est question d'un projet de *traité des sections coniques* dont s'occupait Desargues, et dans laquelle, tout en louant ce dernier sur le but qu'il cherchoit à remplir, il le blâme d'avoir voulu refaire la langue de la géométrie ancienne, et d'avoir employé des termes nouveaux, dans l'invention desquels il reconnaît pourtant « de l'esprit et de la grace. » On voit aussi dans cette lettre, que Desargues avait coutume de considérer les systèmes de droites parallèles comme concourant à l'infini, et qu'il leur appliquait le même raisonnement, sur quoy Descartes fait des réflexions analogues à celles que nous avons déjà rapportées ci-dessus.

Nous citons d'autant plus volontiers ces passages

des lettres de Descartes, qu'ils montrent qu'à une époque où la méthode des coordonnées venoit à peine de naître, Desargues cherchait à imprimer aux conceptions de la simple géométrie, une généralité qu'elle n'a reçue que beaucoup plus tard, et par le concours d'un grand nombre de savants géomètres.

Quant au traité des sections coniques, dont parle Descartes, il parait être le même que l'écrit qui a été publié en 1639, sous le titre de : *Brouillon projet d'une atteinte aux évènemens des rencontres du cone avec un plan*, etc., ouvrage que nous ne connaissons que par la critique, fort amère et fort peu lumineuse, qui en a été faite par Beaugrand, dans une lettre imprimée qu'on trouve encore à la bibliothèque du Roi, et qui est loin sans doute de pouvoir fixer nos idées sur l'esprit de la méthode employée par Desargues. Nous ferons connaître, au commencement de la seconde section de cet ouvrage. Le peu que nous en a transmis Beaugrand sur cet écrit de Desargues, et l'on verra qu'il devoit briller partout des traits de l'originalité et du génie.

(Section II, chapitre 1ᵉʳ, page 95 du même ouvrage de M. Poncelet).

178. Ce beau principe fait la base du mémoire, souvent cité, de M. Brianchon ; d'après un passage de l'*essai sur les coniques de Pascal*, il paraîtrait que Desargues avoit connu quelques-unes des relations qui le concernent ; ce qui confirme également une lettre de Beaugrand publiée en 1639. Cette lettre, vraiment digne de Zoïle, contient la critique d'un écrit de Desargues, imprimé la même année, et ayant pour titre : Brouillon projet d'une atteinte aux evenemens des rencontres du cone avec un plan, etc. Selon Beaugrand, le tiers de cet écrit étoit employé à examiner les propriétés qui résultent de l'assemblage de six points rangés sur une même droite, entre lesquels auroient lieu les trois premières relations de l'art. 172 ; il ajoute que Desargues nommait cette liaison remarquable : *involution de six points ;* laquelle se réduit simplement à une de cinq, quand deux de ces six points (qui sont conjugués ou jouent le même rôle par rapport aux quatre autres) se confondent en un seul, et à une de quatre, quand la même chose arrive pour deux autres points également conjugués, ce qui donne alors lieu à ce que nous avons déjà nommé la *relation harmonique.*

La plus grande partie du surplus de l'ouvrage

de Desargues aurait été consacrée, d'après ce qu'en dit le même Beaugrand, à établir la proportion suivante, ainsi que ses corollaires ; un quadrilatère étant inscrit à une section conique quelconque, toute transversale détermine par ses intersections avec la courbe et les côtés du quadrilatère, six points qui sont en involution.

On voit, d'après cela, que l'ouvrage de Desargues qui ne nous est point parvenu, devait contenir plusieurs des intéressantes propriétés du quadrilatère inscrit qui sont aujourd'hui généralement connues; et en effet, le théorème de l'article 177 est un des plus féconds qui existe sur les coniques, comme on peut le voir par l'excellent parti qu'en a su tirer M. Brianchon dans le mémoire déjà plusieurs fois cité.

NOTICE SCIENTIFIQUE

SUR DESARGUES,

PAR M. CHASLES.

Extraite de son ouvrage ayant pour titre :

APERÇU HISTORIQUE SUR L'ORIGINE ET LE DÉVELOPPEMENT
DES METHODES EN GÉOMÉTRIE, 1837.

———

Page 74. § 20. — Desargues, que Pascal avait pris pour guide, et qui étoit digne en effet d'un tel disciple, avoit aussi écrit sur les coniques, un an auparavant, d'une manière neuve et originale. Sa méthode reposait, comme celle de Pascal, sur les principes de la perspective, et sur quelques théorèmes de la théorie des transversales. Il ne nous reste que quelques indications peu lucides sur l'un de ses écrits intitulé : *Brouillon projet d'une atteinte aux événements des rencontres du cône avec un plan.* Les autres, s'il en a existé plusieurs, ainsi que peut

le faire supposer un passage de l'*Essai* de Pascal,
étoient peut-être sur des feuilles volantes, comme
il paraît que Desargues en usait, soit pour communiquer ses découvertes, soit pour répondre à ses
nombreux détracteurs.

Celui que nous venons de citer parut en 1639;
il en est parlé dans plusieurs lettres de Descartes.

Cet écrit se distinguait par quelques propositions
nouvelles et surtout par l'esprit de la méthode, qui
étoit fondée sur cette remarque judicieuse et fé-
conde, que les sections coniques, étant formées par
les différentes façons dont on coupe un cône qui
a pour base un cercle, devaient participer aux propriétés de cette figure.

Desargues apportait donc une double innovation
importante dans l'étude des coniques. D'abord il les
considérait sur le cône dans toutes les positions du
plan coupant, sans se servir, comme les anciens,
du triangle par l'axe : et ensuite, il imaginait d'approprier à ces courbes les propriétés du cercle qui
servait de base au cône.

Cette idée, qui nous paroît si simple et si naturelle aujourd'hui, parce que nous sommes accoutumés aux procédés de la perspective, et à divers
autres modes de transformation des figures, n'était

pas venue à l'esprit des géomètres d'Alexandrie.
Car nous n'en trouvons aucune trace dans leurs
ouvrages : et nous y voyons qu'en se servant dans
leur théorie des coniques, d'une propriété du cercle
(celle du produit des segments faits sur deux cordes
qui se coupent), ils n'ont point eu l'intention de
rechercher son analogue dans ces courbes; mais
seulement de démontrer leur théorème du *latus
rectum.*

§ 21. — La méthode de Desargues lui permit
d'apporter dans la théorie des coniques, comme il
le fit dans divers autres écrits, des vues nouvelles
de généralité, qui agrandissaient les conceptions
et la métaphysique de la géométrie.

Ainsi, il y considéra comme des variétés d'une
même courbe les diverses stations du cône (le cercle, l'ellipse, la parabole, l'hyperbole et le système
des deux lignes droites), qui, jusque-là, avaient
toujours été traitées séparément, et par des moyens
particuliers à chacune de ces sections.

NOTE. *Desarguesius primus sectiones conicas uni-
versali quadam ratione tractare, ac propositiones
multas sic enuntiare cœpit, ut quæcumque sectio
subintelligi posset (Act. erud. ann. 1685, page 400).*

Descartes nous apprend que Desargues regardait

aussi un système de plusieurs droites parallèles
entre elles, comme une variété d'un système de
droites concourantes en un même point ; dans ce
cas le point de concours était à l'infini ;   Pour
votre façon de considérer les lignes parallèles
comme si elles s'assemblaient à un but à distance
infinie, afin de les comprendre sous le même genre
que celles qui tendent à un point, elle est fort
bonne (1)..... (Lettres de Descartes, t. III, page 457,
édition in-12).

Leibnitz fait mention aussi de cette idée de Desargues dans un mémoire sur la manière de déterminer la courbe enveloppe d'une infinité de lignes
(*acta erud. ann.* 1692, page 168) ; et dans un autre
endroit, il la rattache à sa loi de continuité (comm.
epist. tom. II, pag. 101). Newton adopta cette défi-
nition des paralelles dans les lemmes 18 et 22 de
ses *Principes de la philosophie naturelle,* où il re-

_____

(1) Cette innovation fit sensation dans le temps. Bosse la cite
en ces termes, comme exemple des manières universelles de Desargues en géométrie : « Il fait voir, comme il l'a écrit à un sien
ami défunt, le rare et savant Pascal fils, que les paralelles sont
toutes semblables à celles qui aboutissent à un point et qu'elles n'en
diffèrent point. » (*Traité des pratiques géométrales et perspectives,*
in-12, 1665.)

garde des droites paralelles comme concourant en un seul point situé à l'infini.

Desargues appliquait aux systèmes de lignes droites les propriétés des lignes courbes; ce qui est aujourd'hui chose naturelle et très-usitée, parce qu'un système de droites peut être représenté par une équation unique, comme une courbe géométrique; mais ce qui était alors une conception neuve et originale. Descartes en parle en ces termes, dans une lettre adressée au P. Mersenne.

« La façon dont il commence son raisonnement, l'appliquant tout ensemble aux lignes droites et aux courbes, est d'autant plus belle qu'elle est plus générale, et semble être prise de ce que j'ai coutume de nommer métaphysique de la géométrie, qui est une science dont je n'ai point remarqué qu'aucun autre se soit servi, sinon Archimède. Pour moi, je m'en sers toujours pour juger en général des choses qui sont trouvables, et en quels lieux je les dois trouver..... (Lettres, page 379 du tome IV).

§ 22. — Les idées de Desargues, concernant les systèmes de lignes droites, comparés aux lignes courbes, ont dû le porter à chercher à appliquer aux sections coniques diverses propriétés connues du système de deux droites. L'une d'entre elles que Pascal, dans son *Essai pour les coniques*, appelle merveilleuse, et qui, en effet, est d'une fécondité extrême, nous a été conservée. C'est la relation des segmens faits par une conique et par les quatre côtés d'un quadrilatère qui lui est inscrit, sur une transversale menée arbitrairement dans le plan de la courbe.

Cette relation consiste en ce que : « Le produit des segmens compris sur la transversale, entre un point de la conique et deux côtés opposés du quadrilatère, est au produit des segmens compris entre le même point de la conique et les deux autres côtés opposés du quadrilatère, dans un rapport qui est égal à celui des produits semblables faits avec le deuxième point de la conique situé sur la transversale. »

Ce théorème est énoncé par Pascal dans son *Essai pour les coniques*, et par Beaugrand dans une lettre critique sur l'ouvrage de Desargues, intitulé *Brouillon projet d'une atteinte aux événements des rencontres du cône avec vn plan*. Cette lettre nous apprend que Desargues appelait la relation qui constitue son beau théorème : *involution de six points*.

On voit comment les six points se correspondent, ou sont conjugués deux à deux. Desargues examinait le cas où deux points conjugués venaient à se

confondre ; il y avait alors involution de cinq points;
puis celui ou deux autres points conjugués se con-
fondaient aussi ; alors on n'avait plus que quatre
points, et la relation d'involution devenait un *rapport harmonique.*

La relation d'involution de six points, telle que
nous l'avons énoncée, contient huit segmens ; mais
elle peut être remplacée par une autre, ou n'entrent
que six segments, et celle-ci est la même que
celle que Pappus a donnée pour les segments faits
sur une transversale par les quatre côtés et les deux
diagonales d'un quadrilatère (la 130ᵉ du livre VII
des collections mathématiques.).

En considérant les deux diagonales comme une
ligne du second degré qui passe par les quatre sommets du quadrilatère, on voit que le théorème de
Desargues est une généralisation de la proposition
de Pappus, dans laquelle se trouve substituée, à la
place des deux diagonales du quadrilatère, une conique passant par les quatre sommets.

§ 23. — Un excellent écrit de M. Brianchon, intitulé : *Mémoire sur les lignes du deuxième ordre*
(Paris 1817), est basé sur ce théorême. et en fait
voir toute la fécondité. Mais il paraît que Desargues
lui-même avait su en tirer un parti considérable,

pour démontrer un grand nombre des propriétés
des coniques ; car d'une part, Beaugrand dit, dans
sa lettre, qu'une partie du *Brouillon projet,* etc.,
étoit employée à examiner les corrollaires du théorème en question ; et, de plus, nous trouvons dans
les *pratiques géométrales et perspectives* du graveur
Bosse le passage suivant, qui se rapporte probablement à ce même théorème. Bosse répond aux détracteurs de Desargues, et ajoute : « Entre autres ce
qu'il a fait imprimer des sections coniques, dont
une des propositions en comprend bien, comme
cas, soixante de celles des quatre premiers livres
d'Apollonius, lui a acquis l'estime des savants, qui
le tiennent avoir été l'un des plus naturels géomètres de notre temps, et entre autres, la merveille de
notre siècle, feu M. Pascal. »

Nous trouvons encore quelques observations qui
se rapportent au théorème en question, et qui prou-
vent que Desargues avait su en faire un grand
usage, dans un ouvrage du graveur Grégoire Huret,
intitulé : *Optique de portraiture et peinture*, etc.
Paris, 1670 in-fol.

Ainsi, il est constant que le théorème de Desargues était le fondement de sa théorie des coniques,
et que les nombreuses propriétés de ces courbes,

que nous avons appris, depuis quelques années, à déduire de ce théorème, n'avaient point échappé à l'aspect logique et essentiellement généralisateur de Desargues.

Mais, outre son extrême fécondité, le théorème en question présente un autre caractère qu'il n'est pas moins important de faire ressortir dans un examen philosophique de la marche et de l'esprit des méthodes concernant les coniques. C'est que ce théorème, par sa nature, permettait à Desargues de considérer, sur un cône à base circulaire, des sections tout à fait arbitraires, sans faire usage du triangle par l'axe, comme le dit Pascal ; tandis que les anciens et tous les écrivains après eux n'avaient coupé le cône que par des plans perpendiculaires à ce triangle par l'axe. Cette grande innovation nous paraît être le principal mérite du traité des coniques de Desargues.

§ 24. — On voit par ce qui précède que l'ouvrage de Desargues était vraiment beau et original, et procurait une généralité et des facilités nouvelles à la géométrie des coniques. Aussi fut-il apprécié comme tel par les grands génies du siècle. Nous avons déjà cité le sentiment d'admiration de Pascal pour cet ouvrage ; nous trouvons qu'il fut partagé par Fermat, qui, dans une lettre au Père Mersenne, s'exprime ainsi : « J'estime beaucoup M. Desargues, et d'autant plus qu'il est lui seul inventeur de ses coniques. Son livret qui passe, dites-vous, pour jargon, m'a paru très-intelligible et très-ingénieux. » (OEuvres de Fermat, page 173).

Quant à la fécondité du théorème et à la facilité toute nouvelle qu'il apportait dans la théorie des coniques, on aperçoit aisément quelle en est la cause première. C'est qu'il exprimait une relation tout à fait générale de six points pris arbitrairement sur une conique. Les anciens n'avaient connu de telles relations que pour des positions particulières des six points, par exemple, pour le cas où quatre points étaient deux à deux sur deux cordes parallèles entre elles (la relation dont ils se servaient alors était que les produits des segmens faits sur ces deux cordes par celle qui joignait les deux autres points, étaient entre eux comme les produits des segmens faits sur celle-ci par les deux premières). Il leur fallait donc toujours diverses propositions intermédiaires, pour passer de la considération directe ou implicite de cinq points d'une conique à la considération d'un sixième point. De là, le grand nombre de propositions qui semblaient devoir entrer nécessairement dans un traité des coniques, et de là surtout la longueur des démonstrations.

La solution du problème *ad quatuor lineas*, il est vrai, faisait connaître une propriété tout à fait générale de six points d'une conique ; mais jusqu'à Apollonius, ce problème n'avait point été résolu complètement, et ce grand géomètre, qui dit l'avoir résolu à l'aide des principes qu'il a compris dans son IIIe livre, n'a point eu le temps peut-être d'en approfondir assez la nature pour le juger propre à entrer dans ses éléments des coniques, de sorte qu'il n'a été d'aucun usage chez les anciens.

§ 25. — Nous avons dit que Fermat avait laissé, parmi quelques propositions présentées comme porisme, le théorème de Desargues ; et l'on ne peut douter que ce grand géomètre n'y soit parvenu de son côté. Mais, outre l'avantage d'une antériorité de plus de 25 ans, Desargues a celui d'avoir connu et mis à profit toutes les ressources que ce théorème offrait dans la théorie des coniques.

R. Simson nous paraît être le seul géomètre qui se soit servi jusqu'à ces derniers temps, de ce théorème qu'il a démontré dans le 5e livre de son

Traité des coniques (proposition 12ᵉ), et dont il avait entrevu la fécondité, car après en avoir tiré six corollaires, il ajoute qu'ils renferment des démonstrations naturelles et faciles de quelques propositions du premier livre des principes de Newton. R. Simson avait emprunté ce théorème des œuvres de Fermat ; comme on le voit dans son *Traité des Porismes* où il le démontre aussi sous le Nᵒ 81.

§ 26. — On n'a considéré jusqu'à ce jour le théorème de Desargues que sous l'énoncé sous lequel nous l'avons présenté ; et c'est ainsi qu'on en a fait de nombreuses applications. Mais en y introduisant la notion du *rapport anharmonique*, on peut envisager ce théorème sous un autre point de vue, et lui donner une autre forme qui en fera une proposition différente, et propre à de nouveaux usages. Cette proposition qu'on peut regarder comme *centrale* dans la théorie des coniques, car une infinité de propriétés diverses de ces courbes, qui avaient paru sans liaison et étrangères les unes aux autres, en dérivent naturellement comme d'un centre unique ; cette proposition, dis-je, offre une voie facile pour passer du théorème de Desargues à celui de Pascal, et *vice versa*, et de chacun de ces deux là à diverses autres propriétés générales

des coniques, telles que le beau théorème de Newton sur la description organique de ces courbes.
(Voir la note xv.)

§ 27. — Les anciens n'avaient considéré, pour
former leurs coniques que des cônes à base circulaire; et Desargues et Pascal les imitaient en ce
point, puisqu'ils formaient ces courbes par la perspective du cercle, il se présentait donc une question, à savoir si tous les cônes qui avaient pour base
une conique quelconque étaient identiques avec les
cônes à base circulaire ; ou, en d'autres termes, si
un cône quelconque à base elliptique, parabolique
ou hyperbolique, pouvait être coupé suivant un
cercle; et, dans le cas où cela serait, de déterminer la position du plan coupant. Ce fut Desargues, ainsi que nous l'apprend le P. Mersenne (*uni-
versæ, geometriæ, mixtæque mathematicæ synopsis,*
page 331; in-fol 1644) qui proposa cette question,
qui eut alors une certaine célébrité à raison de sa
difficulté ; car elle est de la nature de celles qui,
admettant trois solutions, dépendent en analyse
d'une équation du troisième degré, et, en géométrie, des sections coniques. Descartes la résolut
par les principes de sa nouvelle géométrie analytique, et d'une manière fort élégante pour le cas

où la base du cône est une parabole ; auquel cas il
n'a besoin que d'un cercle dont l'intersection avec
la parabole donne la solution demandée. Depuis
cette même question a occupé plusieurs autres géomètres célèbres, le marquis de Lhopital, Herman,
le P. Jacquier, qui suivirent la même marche analytique que Descartes, en y apportant quelques
simplifications, je ne crois pas que l'on ait donné
de ce problème une solution purement géométrique et graphique. La difficulté disparaît devant les
nouvelles doctrines de la géométrie, qui peuvent
en procurer plusieurs solutions différentes.

§ 28. — On doit à Desargues une propriété
des triangles, qui est devenue fondamentale et d'un
usage très utile dans la géométrie récente. C'est
que : « si deux triangles, situés dans l'espace ou
dans un même plan, ont leurs sommets placés deux
à deux sur trois droites concourantes en un même
point, leurs côtés se rencontreront deux à deux en
trois points qui seront situés en ligne droite ; » et
réciproquement.

Ce théorème se trouve avec deux autres dont
l'un est sa réciproque, à la suite du *Traité de perspective* rédigé par Bosse, d'après les principes et la
méthode de Desargues, mise au jour en 1636.

Quand les deux triangles sont situés dans deux plans différents, le théorème est de vérité intuitive, ainsi que le remarque Desargues ; quand ils sont dans un même plan, sa démonstration offre cela de remarquable qu'il y est fait usage du théorème de Ptolémée sur le triangle coupé par une transversale. C'est un des premiers exemples, chez les modernes, de l'application de ce célèbre théorème, qui depuis est devenu la base de la théorie des transversales.

Le théorème de Desargues, a été reproduit pour la première fois dans ces derniers temps, par M. Servois dans son ouvrage intitulé *Solutions peu connues*, etc.; et a été employé depuis par M. Brianchon (correspondance polytechnique, t. III, p. 3), par M. Poncelet dans son *Traité des propriétés projectives*, et par MM. Sturm et Gergonne (Annales de mathématiques t. XVI et XVII). M. Poncelet en a fait la base de sa belle théorie des figures homologiques. Il a appelé les deux triangles en question *homologiques*, le point de concours des trois droites qui joignent deux à deux leurs sommets, *centre d'homologie*, et la droite sur laquelle se coupent deux à deux leurs trois côtés, *axe d'homologie*.

§ 29. — Mais....

« Nous remarquerons encore, au sujet du théorème de Desargues qu'il conduit naturellement à
un beau principe de perspective, qui semble en
être, en quelque sorte, la première destination;
c'est que : « Quand deux figures planes, situées
dans l'espace, sont la perspective l'une de l'autre,
si l'on fait tourner le plan de la première autour de
sa droite d'intersection avec le plan de la seconde,
les droites qui iront des points de la première figure aux points correspondants de la seconde, con-
courront toujours en un même point; et cela aura
encore lieu quand les plans des deux figures seront
superposés l'un sur l'autre. » Ce théorème peut
offrir une intelligence facile de certaines pratiques
de la perspective.

§ 30. — Desargues s'était occupé des applications de la géométrie aux arts, et avait traité cet
objet en homme supérieur, y apportant, avec une
exactitude alors souvent inconnue aux artistes, les
principes d'universalité que nous lui avons recon-
nus dans ses recherches de pure géométrie.

Divers écrits de lui furent publiés sur la perspective, la coupe des pierres et le tracé des cadrans,
il paraît que ces ouvrages étaient très-succincts, et
pour ainsi dire, comme des essais qui renfermaient

la substance d'ouvrages qui devaient être plus dé-
veloppés et plus complets. Quelques années après,
A. Bosse, célèbre graveur, qui, quoique géomètre
médiocre, avait eu assez de pénétration pour apprécier le génie de Desargues, fut initié par lui
dans ses nouvelles conceptions, et les exposa de
nouveau, mais d'une manière très-diffuse, qu'il
croyait avoir appropriée aux usages des artistes, et
qui ne l'était certainement pas à celui du véritable
géomètre. Cependant les écrits originaux de Desargues étant perdus, ceux de Bosse ont acquis, par
cette circonstance, un certain mérite. Ils suffiraient
au géomètre qui voudrait les lire avec attention,
pour rétablir les principes théoriques qui avaient
servi de fondement aux diverses pratiques inventées
par Desargues dans ses ouvrages originaux.

Ceux-ci avaient pour titre :

1° *Méthode universelle de mettre en perspective
les objets donnés réellement ou en devis, avec leurs
proportions, mesures, éloignemens, sans employer
aucun point qui soit hors du champ de l'ouvrage,*
par G. D. L. (Girard Desargues Lyonnais) à Paris,
1636. Le privilège était de 1630.

2° *Brouillon-projet de la coupe des pierres,* 1640;

3° *Les cadrans ou moyen de placer le style ou*

l'axe, inséré à la fin du Brouillon de la coupe des pierres.

Le traité de perspective arrangé par Bosse contient un fragment de l'ouvrage original de Desargues. On y reconnaît le fondement et la substance de tout l'ouvrage de Bosse. Le but que s'y propose Desargues est de pratiquer la perspective sans se servir d'un dessin de l'objet, et au moyen seulement de cotes indiquant la position de chacun de ses points dans l'espace, de même que ces cotes serviraient, en architecture, pour construire le plan géométral et les coupes de cet objet. C'est à cette occasion qu'il imagina l'*échelle fuyante,* maintenant si en usage chez les artistes, et qui porte le nom de Desargues dans quelques traités de perspective. (Voir celui d'Ozanam, page 62, édition de 1720, in-8.)

Cet ouvrage était au témoignage de Fermat « agréable et de bon esprit. » Descartes en porta un jugement semblable en écrivant au P. Mersenne : « Je n'ai reçu que depuis peu de jours les deux petits livres *in-folio* que vous m'avez envoyés, dont l'un qui traite de la perspective (et qui était de Desargues) n'est pas à désapprouver, outre que la cu-

riosité et la netteté de son langage est à estimer. »
(Lettres, tome IV, page 257).

Le livre des cadrans mérita aussi l'approbation
de Descartes, qui trouva que « l'invention en était
fort belle, et d'autant plus ingénieuse qu'elle était
plus simple. » (Lettres, tome IV, page 147). Ce grand
homme n'exprime pas son sentiment sur le livre de
la coupe des pierres, parce que les figures y man-
quaient.

Il paraît que l'invention des épicycloides et de
leur usage en mécanique, dont Leibnitz a reven-
diqué l'honneur pour le célèbre astronome Roe-
ner, est due à Desargues. Car de La Hire nous
apprend, dans la préface de son *Traité des épicy-
cloïdes* qu'il a fait au château de Beaulieu, près de
Paris, une roue à dents épycloïdales, *à la place
d'une autre semblable qui y avait été autrefois construite par Desargues.* De plus de La Hire répète
dans la préface de son *Traité de mécanique* publié
en 1695, qu'il donne la construction d'une roue où
le frottement n'est pas sensible *et dont la première
invention était due à Desargues, un des plus excellents géomètres du siècle.*

§ 31. — Le caractère principal des écrits de Desargues était une grande généralité dans ses prin-

cipes théoriques et dans leurs applications, telle
que celle qui fait la beauté et le grand mérite de la
Géométrie descriptive de Monge. Ainsi il dit au
commencement de son *Brouillon-projet de la coupe
des pierres,* que *sa manière de trait pour la coupe
des pierres est la même production que la manière
de pratiquer la perspective.* Et dans une lettre écrite
en 1643 jointe au traité des cadrans ; arrangé par
Bosse, « Desargues démontrait universellement par
les solides, ce qui n'est pas l'usage ordinaire de
tous ceux qui se disent géomètres ou mathématiciens. »

Ces mots de Bosse, *par les solides*, ne signifie-
raient-ils pas que Desargues employait dans ses
démonstrations la considération des figures à trois
dimensions, pour parvenir aux propriétés des figures planes ? Ce qui est aujourd'hui le caractère
de l'école de Monge, en géométrie spéculative.

Plusieurs passages des lettres de Descartes font
voir que Desargues ne bornait point ses recherches
mathématiques à la géométrie et à ses applications;
mais qu'il écrivait aussi sur l'analyse : on y voit
même que les matières philosophiques lui étaient
familières.

Ces détails montrent le génie de Desargues, dont

ses plus illustres contemporains, Descartes, Pascal, Fermat, faisaient le plus grand cas ; mais que des hommes médiocres, dont la nouveauté et la généralité de ses vues surpassaient l'intelligence, ont persécuté et dégoûté.

On doit à M. Poncelet d'avoir, le premier, dans son *Traité des propriétés projectives* apprécié ce véritable et profond géomètre et de l'avoir reconnu sous le titre mérité de « *Monge de son siècle,* » comme l'un des fondateurs de la géométrie moderne.

(Note xiv du même ouvrage, page 331).

Sur les ouvrages de Desargues, la lettre de Beaugrand et l'Examen de Curabelle :

Nous avons cité la lettre de Beaugrand, sur le *Brouillon-projet des coniques* de Desargues, d'après ce qu'en a dit M. Poncelet, dans son *Traité des propriétés projectives,* page 95 ; car elle est extrêmement rare et nous n'avons pu nous la procurer. (M. Chasles depuis l'a trouvée).

Nous trouvons dans l'*Examen des OEuvres du sieur Desargues,* par J. Curabelle, (in-4°, 1644) cuvrage très-rare aussi, un passage qui fait mention de cette lettre, et qui est assez curieux sous d'autres rapports. Curabelle, après avoir cité l'opi-

nion émise par Desargues, en 1642, au sujet d'une
proposition de Pascal (celle de l'hexagone probablement) *dont les quatre premiers livres d'Apollonius sont ou bien un cas, ou bien une conséquence
immédiate,* ajoute : « Mais, quant à l'égard du sieur
Desargues, cet abaissement d'Apollonius ne relève
pas *ses leçons de ténèbres, ni ses évènements aux
atteintes que fait un cône rencontrant un plan-droit,*
auquel a suffisamment répondu le sieur Beaugrand,
et démontré les erreurs en 1639 et imprimé en
1642, en telle sorte, que le public, depuis le dit
temps, est privé desdites leçons de ténèbres, qui
étaient tellement relevées, au dire dudit sieur,
qu'elles surpassaient de beaucoup les œuvres d'A-
pollonius, ainsi qu'on pourra voir dans la lettre
dudit sieur Beaugrand, imprimée l'année ci-dessus.

Ce passage donne lieu aux réflexions suivantes,

D'abord il semble en résulter que Desargues,
outre son *Brouillon-projet d'une atteinte aux évé-
nemens des rencontres du cône avec un plan,* avait
écrit un autre ouvrage sur les coniques, sous le
titre des *Leçons de ténèbres* ; ce que font supposer
aussi quelques passages du graveur et dessinateur
Grégoire Huet, dans son ouvrage intitulé : Optique

de portraiture et peinture, contenant la perspective pratique accomplie, etc. Paris, 1670, in-folio.

Les mots *et imprimé en* 1642, nous avaient paru
d'abord se rapporter à ce qui a été démontré en
1639 : d'où nous avions conclu que la lettre de
Beaugrand n'avait été imprimée qu'en 1642 ; mais
nous l'avons citée dans un autre écrit de Curabelle contre Desargues, dont nous allons parler
tout-à-l'heure, et où il est dit qu'elle a été imprimée en 1639.

D'après celà, il nous paraît que les mots *et imprimé en* 1642, signifient que Beaugrand, outre
cette première lettre, avait encore écrit et imprimé
en 1642 contre Desargues ; peut-être à l'occasion
de ces *Leçons de ténèbres*, citées par Curabelle et
Grégoire Huret.

Et en effet, il paraît que Beaugrand ne manquait
pas une occasion de se signaler parmi les détracteurs
de Desargues. Car nous trouvons qu'il avait aussi
écrit une lettre sur le Brouillon-projet de la Coupe
des pierres de Desargues (1640, in-4°) Cette lettre
est annoncée sous ce titre dans le catalogue de la
bibliothèque royale, au nom de Beaugrand et à celui de Desargues, mais malheureusement elle ne se
trouve plus dans la bibliothèque. Elle y faisait par-

tie d'un volume dont la perte est bien regrettable, car il contenait d'autres pièces relatives à Desargues, qui avaient paru en 1642.

L'examen de Curabelle a amené des démêlés très-vifs entre lui et Desargues, qui nous sont révélés par un autre écrit intitulé : Faiblesse pitoyable du sieur Desargues employée contre l'examen fait de ses œuvres, par J. Curabelle. Nous y voyons que Desargues avait offert de soutenir la bonté de ses doctrines sur la coupe des pierres, par une gageure de cent mille livres, qui n'a été acceptée que pour cent pistoles par Curabelle. Les articles d'une convention à ce sujet, ont été rédigés le 2 mars 1644 ; mais la difficulté de s'entendre sur tous les points, a donné lieu à divers libelles de part et d'autres ; et enfin l'affaire a été soumise au parlement, le 12 mai de la même année. Elle était en cet état quand Curabelle publia l'écrit qui nous donne ces détails.

La difficulté de s'entendre provenait principalement du choix des jurés. Le passage suivant montre bien l'esprit qui avait dirigé Desargues dans la composition de ses ouvrages de coupe des pierres, et l'esprit dans lequel étaient faites les critiques de ses adversaires, c'est-à-dire en quelque sorte l'origine et l'âme du débat.

Desargues voulait « *s'en rapporter au dire d'excellens géomètres et autres personnes savantes et désintéressées, et en tant qu'il serait de besoin aussi, des jurés-maçons de Paris.* » A cela Curabelle répond : « Ce qui fait voir évidemment que ledit Desargues n'a aucune vérité à déduire qui soit soutenable, puisqu'il ne veut pas des vrais experts pour les matières en conteste ; il ne demande que des gens de sa cabale, comme de purs géomètres, lesquels n'ont jamais eu aucune expérience des règles de pratique en question, et notamment de la coupe des pierres en l'architecture qui est la plus grande partie des œuvres de question, et partant ils ne peuvent parler des subjections que les divers cas enseignent. »

Ce passage, ce me semble, établit parfaitement la nature du démêlé, et peut faire décider *à priori* la question entre Desargues et ses détracteurs.

Quant à la méthode de Desargues en elle-même, elle a, depuis, été reconnue bonne et exacte, et l'on a su apprécier le caractère de généralité qu'elle présentait. Ne pouvant entrer, à ce sujet, dans aucun développement, nous nous bornerons à citer le jugement qu'en a porté le savant Frezier, dans son *Traité de la coupe des pierres*. De La Rue ayant dit que Curabelle avait relevé exactement toutes les fautes de Desargues (dans la construction des berceaux droits et obliques), Frezier après avoir cité ce passage, ajoute : « Je n'ai pas vu cette critique, et par conséquent, je ne puis juger de son exactitude; j'avancerai cependant, sans craindre, que la méthode de Desargues n'est du tout point à rejeter. Je conviens qu'il y a des difficultés, mais comme elles ne viennent que d'une faute d'explication du principe sur lequel elle est fondée, et un peu aussi de la nouveauté des termes, je vais suppléer, etc. (t. II, page 208, édition de 1768). Puis, dans l'explication de la méthode, Frezier dit que Desargues « a réduit tous les traits de la formation des berceaux droits, biais, en latus et en descente, à un seul problème, qui est de chercher l'angle que fait l'axe du cylindre avec un diamètre de sa base, etc. (page 209).

Et, enfin Frezier conclut, après avoir expliqué clairement et dans toute sa généralité la méthode de Desargues, qu'elle était ingénieuse et aurait dû lui faire honneur, si Bosse l'eût présentée d'une manière plus intelligible.

Curabelle est un écrivain totalement ignoré de

nos jours ; cependant il paraît qu'il a écrit sur la Stéréotomie et différentes parties des arts de construction. Du moins l'extrait du privilège, qui est en tête de son examen des œuvres de Desargues, fait connaître les titres de plusieurs ouvrages qu'il devait mettre au jour après ce dit examen. Nous n'avons pu trouver aucune trace de ces ouvrages, ni pu constater qu'ils aient effectivement paru. De La Rue dans son *Traité de la coupe des pierres*, cite plusieurs fois Curabelle, mais à raison seulement de l'examen en question.

Desargues en voulant assujettir la perspective pratique et les arts de construction à des principes rationnels et géométriques, s'était fait beaucoup d'autres détracteurs que Curabelle, ainsi qu'on le voit dans les ouvrages du célèbre graveur Bosse, qui passa toute sa vie à les combattre. Cette persévérance, qui fait honneur à son jugement et à son caractère, lui attira aussi des persécutions ; et il lui fut interdit d'enseigner les doctrines de Desargues à l'Académie royale de peinture, où il professait la perspective.

Des détracteurs de Desargues, le personnage le plus considérable paraît avoir été Beaugrand, secrétaire du roi, qui avait des relations avec beaucoup d'hommes distingués dans les sciences, et qui lui-même n'était pas dépourvu de savoir en mathématiques, car il a publié sous le titre *In isagogem F. Vietæ Scholia*, in-24, 1634, un commentaire sur le principal ouvrage analytique de Viete, et il a joué un certain rôle dans l'Histoire de la Cycloide. Mais sa Géostatique, dont il est tant parlé dans les lettres de Descartes, et où il démontrait *géométriquement* que tout grave pèse d'autant moins qu'il est plus près de la terre, suffit pour montrer à quelles erreurs son esprit était sujet; et l'on ne s'étonne pas qu'il ait si mal apprécié les productions de Desargues.

L'estime que mérite Desargues, qui a été si peu connu des biographes, nous a porté à entrer dans ces détails, espérant qu'ils pourront piquer la curiosité de quelques personnes et les engager à rechercher les ouvrages originaux de cet homme de génie et ses pièces relatives à ses démêlés scientifiques. Sa correspondance avec les hommes les plus illustres de son temps, dont il partageait les travaux, et qui le voulaient tous pour juge de leurs ouvrages, serait aussi une découverte précieuse pour l'histoire littéraire de ce dix-septième siècle qui fait tant d'honneur à l'esprit humain.

Quant aux ouvrages de Desargues, voici quelques indications qui pourront peut-être en amener d'autres :

Bosse écrivait en 1665 dans ses *Pratiques géométrales* etc., que : «feu M. Millon, savant géomètre, avait fait un ample manuscrit de toutes les démonstrations de Desargues, lequel méritait bien d'être imprimé. »

On lit dans l'*Histoire littéraire de la ville de Lyon*, par le P. Colonia, imprimée en 1728 : « On va bientôt donner au public une édition complète des ouvrages de Desargues. » M. Richer, chanoine de Provins, auteur de deux mémoires curieux et détaillés sur les ouvrages de son ami, M. de Lagny, et sur ceux de M. Desargues, sera l'éditeur de cet important ouvrage qui intéresse la ville de Lyon. »

Puisse un hasard heureux faire retrouver les manuscrits de Millon et les matériaux réunis pour l'entreprise de Richer.

NOTICE

SUR LA

PERSPECTIVE D'ALBEAUME ET E. MIGON.

ALEAVME ET ESTIENNE MIGON.

———

Dans les écrits contre Desargues, sortis de l'imprimerie de Melchior Tavernier, on peut voir le reproche adressé à Desargues d'avoir copié, sa méthode des échelles, sur un ouvrage d'Aleaume, ingénieur du Roy. Nous voulons examiner si ce reproche a quelque fondement.

L'ouvrage dont il est ici question a pour titre :

« La *Perspective spéculative et pratique* , ou sont demontrez les fondemens de cet art, et de tout ce qui en a esté enseigné jusqu'a présent. Ensemble la maniere vniverselle de la pratiquer, non-seulement sans plan géometral et sans tiers poinct, dedans ni dehors le champ du tableau. Mais encore par le moyen de la ligne communement appellée Horisontale. »

De l'invention de sieur Aleavme, ingenieur du Roy. Mise av jovr par Estienne Migon professeur es-Mathematiques.

A Paris 1643 — chez Melchior Tavernier.

Nous ferons d'abord remarquer que cet ouvrage sort encore de l'imprimerie de Melchior Tavernier et nous allons voir qu'il n'a été mis au jour que pour appuyer le reproche ci-dessus, adressé à Desargues.

Cette perspective d'Aleaume étant imprimée en 1643 et celle de Desargues en 1636, il suffirait de cette observation pour faire voir que Desargues n'a pu copier Aleaume, si Migon qui a mis au jour l'œuvre d'Aleaume ne disait à la fin de ce livre : « Je feray voir à ceux qui le desireront, le manuscrit du sieur Alleaume et donnerai l'impression qui fut faicte sur iceluy, mot pour mot, des *l'année* 1628 pour estre distribuée gratuitement à tous ceux qui acheteront celuy-cy. C'est donc de cette date de 1628 que les détracteurs de Desargues se sont emparés, pour dire que Desargues en 1636 avoit emprunté à Aleaume son idée des échelles de Perspective.

Le privilége du Roy qui se trouve à la suite, vient fournir lui-même une réponse à ce reproche.

L'ouvrage primitif d'Aleaume avait pour titre : « Introduction à la perspective pratique, ensemble « l'usage du compas optique et perspectif. » Pour lequel il avait été pris un privilége daté du 27 février 1628, par les propriétaires du Manuscrit

d'Alleaume décédé depuis quelque temps. Ces propriétaires commencèrent il est vrai, cette impression, mais elle fut suspendue lorsqu'il n'y avait
encore d'imprimées que les feuilles cotées A, C, D,
E, G. C'est dans cet état qu'il fut acheté par Migon
lequel, suivant le privilége nouveau daté de 1643,
*a beaucoup augmenté le dit livre, lequel contient à
present les demonstrations des fondemens universels
de toute la perspective; qu'a ce sujet il intitule
Perspective spéculative et pratique.*

D'après cette observation, en examinant l'ouvrage, on voit en effet que les feuilles, notées de A
à G sont faites dans un tout autre esprit que les
suivantes, que dans ces premières feuilles, où cependant on indique des méthodes de perspective,
il n'y est pas même fait allusion à celle des échelles.
De plus les planches représentent toujours en perspective, le tableau et le plan sur lequel sont les
objets; tandis que les suivantes le représentent en
vraie grandeur dans une position verticale. Ce n'est
que dans cette seconde partie de l'ouvrage, distincte de la première, que l'auteur donne l'emploi
de cette méthode des échelles; il est donc évident
que c'est à Migon qu'on doit attribuer d'avoir en
l'année 1643, ajouté à l'ouvrage d'Alleaume, ce

qui concerne cette méthode empruntée à Desargues. C'est donc un très-mauvais procédé fait à
Desargues, par Melchior Tavernier, d'avoir fait
imprimer ce livre, pour le besoin de sa cause.

Après cela, il faut reconnaître que Migon a copié
intelligemment Desargues, il a rendu d'abord l'u-
sage des échelles plus simples, plus commode et
de plus il faut reconnaître qu'il a ajouté une nouvelle méthode de perspective, en formant sur la
ligne d'horizon, une division qu'on peut appeler
une échelle des directions, servant à indiquer de
suite les points de concours des droites horizontales dont les directions sont connues, ce qui permet alors de construire la perspective du plan d'un
sujet, avec autant de facilité que sa projectoire horizontale; non plus comme Desargues par les coordonnées de chaque point, mais par la résolution,
comme en géométrie des divers problèmes sur les
longueurs et les directions, par l'usage du point de
concours des cordes.

NOTICE

Sur le Révérend Père Niceron,

ET EXTRAITS DE DIVERS ARTICLES DE SES PERSPECTIVES OÙ IL EST QUESTION DE DESARGUES.

NICERON.

Le Révérend P. Niceron, de l'ordre des Minimes, est un auteur fort estimé de perspective, il a composé plusieurs ouvrages sur cette science, mais que sa mort prématurée ne lui permit pas d'achever ; il mourut à l'âge de 33 ans, le 22 septembre 1646. Le P. Mersenne voulut rendre le dernier devoir à son confrère et ami, il se chargea de corriger non-seulement ce que le P. Niceron avait déjà fait en latin et en français, mais de suppléer encore à ce qui pouvait manquer pour sa perfection. Les autres occupations du P. Mersenne et deux ans de vie qui lui restaient ne lui donnèrent pas le loisir de pousser l'ouvrage à sa fin ; et il fallut charger M. Roberval de cette commission, à la mort de ce père (voir la vie de Descartes par Baillet, page 301, tome 2.)

Les ouvrages de Perspective de Niceron sont :

1° La Perspective curieuse, ou Magie artificielle

des effets merveilleux de l'optique, etc..... Paris
1638 ;

2° Thavmatvrgvs opticvs sui admiranda, etc.
Lutetiæ 1646, typis et formis Fr. *Langlois, alias
dicti Chartres ;*

3° La Perspective cvrievse, divisée en 4 livres
avec l'optiqve et catoptrique du P. Mersenne. Paris, 1663 *chez Jean Dupuis.*

Nous ne connaissons pas le premier ouvrage de
1638. Son titre se trouve dans le catalogue des auteurs de perspective, qui se trouve à la fin du Thaumaturgus opticus.

Le second est de l'année même de la mort de Niceron. Nous remarquerons qu'il a été imprimé
chez le même libraire, d'où sont sortis les libelles
contre Desargues ;

Le troisième ayant été imprimé en 1663 est donc
celui auquel le P. Mersenne et Roberval ont pris
part. On voit qu'il ne sort plus de chez F. Langlois
dit Chartres.

L'ouvrage français n'est point une traduction
littérale de celui en latin, il y a des variantes assez
grandes, parmi lesquelles nous remarquerons
celles sur Desargues. Nous donnons textuellement
les deux passages :

Le premier, extrait du Thaumaturgus de 1646, sort de l'imprimerie de Fr. Langlois, il est peu favorable à Desargues.

Le second, qui probablement est du P. Mersenne, un ami de Desargues, rend plus de justice à sa méthode nouvelle de perspective.

EXTRAIT DE L'OUVRAGE, EN LATIN, DU P. NICERON, INTITULÉ :

THAVMATURGUS OPTICUS, ETC.,

Paris MDCXLVI.

Page 110. — De quo possem et ego, sicut alij, praxim aliquam non omnino vsitatam adinuenire et in medium proferre mutando videlicet non nulla immo forsitan et addendo faciliora ad ea quæ tum veteres, tum recentiores nobis proposuere ; melius tamen visum est hic compendium adducere quæ pro ista praxi magis commoda et expedita iudicaui in methodis illis vniuersalibus, de quibus tam vehemens inter eos qui se illarum authores dicunt oborta controuersa est : Paradigma igitur seu exemplum vnum delineabo de solidis illis regularibus, quæ scenographice à nobis iam adumbruta vidisti

in præcedentibus huius libri propositionibus; si tamen prius animaduertero non esse adeo nouam et
prioribus Perspectiuæ practicæ, scr ptoribus, vt
volunt plurimi, praxim istam scenographicè deli-
neandi obiectum quodcumque datum ex quauis
distantia, in sectione data, etiamsi in illa distan-
ticæ punctum secundum mensuras reales non-pos-
sit collocari, absque eo quod necesse sit aliquo
modo extra tabulam in operatione excurrere Non
est inquam praxis ista adeo noua, vt volunt ex
recentioribus nonnulli, quandoquidem et de ea
P. Ignatius Danti scripsit non nihil in suis ad Ba-
rocij Perspectiuam commentariis, et ipsius methodum tradit in annotationibus ad regulæ primæ
capitulum sextum, vt patebit studioso lectori qui
volet citatum consulere. Petrus Accoltius nobis
Florentinus in suo opere, cui titulus est, *inganno*
de gli occhi etc. edito Florentiæ anno 1625, satis
dilucidum et amplum discursum instituit et quo-
modo in dicto casu scenographicis vtendum deli-
neationibus declarat capitulis 18, 19, 20, 21 et 22.
Ab eo tempore nostros inter Gallos habuimus
D. Aleaume qui de ea methodum specialem. cum
vsu circini optici ad hunc effectum constructi nobis
reliquit : Potuit videri ab omnibus quod anno

1628, ex relictis defuncti memoriis extractum pos-
thumum opus prodiit, cum titulo, *Introduction à
la perspectiue, ensemble l'vsage du compas de perspectiue*, etc., verum nescio qua de causa, siue ex
eorum incuria qui opus instaurandum susceperant,
siue ex librariorum penuria, qui typis mandare de-
bebant, id operis mausit imperfectum ; ita ut præ-
dictas memorias D. Aleaume cum ipsius methodo
denuo instauratas et suis ornatas demonstrationi-
bus acceperimus a D. Migon, anno 1643, sub titulo
*Perspectiue spéculatiue et pratique ou sont demons-
trez les fondemens de cet art et de tout ce qui en a
este enseigné iusqu'à present. Ensemble la maniere
vniuerselle de la pratiquer non-seulement sans plan
geometral et sans tiers-point, dedans ni dehors le
champ du tableau ; mais encore par le moyen de la
ligne communement appellée horizontale, de l'inuention de feu sieur Aleaume, ingénieur du Roy, etc.*
D. De Vaulezard in suo opusculo quod vocat,
*Abbregé ou raccourcy de la perspective par l'imita-
tion*, edito 1631, simiter agit de circino optico,
cuius beneficio obiecti dati scenographia inuenitur,
absque eo quod realis distantiæ punctum extra tabulam collocare necesse sit anno 1636 D. Desargues in lucem protulit libellum cui titulum po-

suerat, *Méthode vniuerselle de mettre en perspective les obiets donnez réellement ou en deuis, auec leurs proportions, mesures, eloignemens sans employer aucun point qui soit hors du champ de l'ouvrage.* Portea vero etiam anno 1642. P. Du Breüil Parisinus societatis Iesu author libri qui titulum habet, *Perspectiue pratique et nécessaire à tous peintres, graueurs, etc.,* et addidit quoque tractatulum ad eumdem effectum, cum hoc titulo : *Diuerses méthodes vniuerselles, et nouuelles en tout ou en partie pour faire des perspectiues auec la liberté de mettre la distance, pour esloignée qu'elle puisse estre, en quel lieu on voudra sur l'horizon du tableau ou champ de l'ouvrage, etc.*

Verum quia paucis ab hinc annis, hac occasione, magna inter authores oborta dissentio est, et tumultus non leues excitati, dum quotidie noui in lucem prodeunt libelli, quibus alij in alios inuehuntur et de istis methodis altercantur ; nolim vlterius indagare quisnam eorum potiori iure authoris illarum nomen sibi vendicare queat ; sufficiat mihi indicasse quid de iis singuli scripserint, vt possit lector studiosus pro suo desiderio illorum opera consulere et rem definire ex suo sensu ; nouerit interim non esse, vt diximus, adeo recens in-

uentum, vt satis patet ex dictis supra et sequenti
propositione non valde noua aut difficili, in qua,
velut, in fundamento apertè et manifestè compre-
henditur.

EXTRAIT DE LA PERSPECTIVE CURIEUSE DV RÉVÉREND P. NICERON.

Paris MDCLXIII. — 1663.

Livre 1er, page 82. Corollaire.

« Après auoir leu ce que dit Accoltius, et Danti
sur Barocius aux lieux que cite l'autheur, i'ay enfin
trouué que M. Desargues est celuy qui a proposé
et demonstré la maniere vniuerselle de pratiquer
le perspectif sur deuis et par mesures contées d'vn
bout à l'autre, sans auoir besoin de sortir hors du
tableau pour quelque rencontre que ce soit : ce qui
est conforme à la maniere de pratiquer le geometral
de la même chose.

Or, il n'y a rien d'approchant ou de semblable
dans les susdits autheurs, non plus que dans les
fragments attribuez à M. Alleaume et imprimez par
le soin de M. Migon, ou dans le cas optique du

sieur Vaulezard, ou enfin dans tous les autres qui
ont escrit de la perspectiue iusques a present, car ce
qu'en a dit le F. DB (Dubreuil) est copié de la maniere vniuerselle que fit imprimer ledit sieur Desargues dez l'année 1636, et puis dans un cahier
particulier, il y a plusieurs années, tiré du livre
entier de sa perspective que M. Bosse a fait imprimer; dans laquelle il aioute vne seconde partie
contenant la regle de placer et de proportionner
les touches et les couleurs diuerses qui perfec-
tionnent le perspectif.

Mais ceux qui ont leu et compris la maniere
vniuerselle de M. Desargues où l'on n'employe aucun point hors du champ de l'ouurage, achevée de
mettre en lumiere par l'excellent graueur, M. Bosse
l'année 1647, confessent qu'elle surpasse en abregé de pratique tout ce qui en a esté donné iusques à présent et qu'il auoit raison l'an 1636 de
se dire l'inventeur de la méthode vniuerselle, etc.
outre qu'elle contient la raison des plans et les
proportions des fortes et foibles touches teintes ou
couleurs tant cleres que brunes, ce qui rend le corps
de la pratique de cet art complet, et dont aucun
n'auoit traité iusques à présent.

NOTICE

SUR GRÉGOIRE HURET,

ET EXTRAITS D'UN PASSAGE DE SA PERSPECTIVE, OU IL
PARLE DU TRAITÉ DES CONIQUES DE DESARGUES.

GREGOIRE HURET.

G. Huret est auteur d'un traité de Perspective,

ayant pour titre :

OPTIQUE DE PORTRAITVRE ET PEINTVRE, EN DEUX PARTIES : — LA PREMIÈRE EST LA PERSPECTIVE PRATIQVE ACCOMPLIE, POUR REPRÉSENTER LES SOMPTUEUSES ARCHITECTURES DES PLUS SUPERBES BATIMENS EN PERSPECTIVE PAR DEUX MANIERES. DONT LA PREMIÈRE MONTRE LES MOYENS POUR ARRIVER A UNE PRÉCISION ACCOMPLIE, MAIS QUI NE SONT ENSEIGNEZ QUE POUR DONNER CONNAISSANCE A L'ESPRIT, ET NON POUR ESTRE PRATIQUEZ SI ON NE VEUT, ET EN LA SECONDE SONT LES PLUS BRIEFS ET FACILES MOYENS QUI AYENT ESTÉ PUBLIEZ JUSQUES A PRÉSENT, POUR ESTRE GÉNERALEMENT PRATIQUEZ ET LE TOUT SANS EMPLOYER AUCUN POINT DE DISTANCE NY PLAN GÉOMETRAL. — LA DEUXIEME PARTIE CONTIENT LA PERSPECTIVE SPECULATIVE, SCAVOIR LES DÉMONSTRATIONS ET DECLARATIONS DES SECRETS FONDAMENTAUX DES REGLES OU MOYEN CONTENUS EN LA PREMIÈRE PARTIE. ENSEMBLE LES PLUS CURIEUSES ET CONSIDÉRABLES QUESTIONS QUI AYENT ESTÉ PROPOSÉES JUSQUES A PRÉSENT SUR LA PORTRAITURE ET PEINTURE, AVEC LEURS SOLUTIONS.

Par GRÉGOIRE HURET, desseignateur et graveur ordinaire de la maison du Roy et de l'Académie Royale de peinture et sculpture.

Paris 1670, avec privilege dv Roy.

Ce privilége est pris pour trois traités qu'il avoit composés, dont celui ci-dessus était le premier. Le

second était intitulé : « *La Gnomonique spécula-*
tive et pratique, etc. » Et le troisième : « *La section*
des solides, spéculative et pratique, appliquée à
l'art d'architecture, pour les constructions précises
des traits de la coupe des pierres, etc. » Nous
croyons que ces deux derniers n'ont jamais été im-
primés. Huret est encore l'auteur de divers mémoires. Le premier a pour titre : « *Exposé d'une*
regle précise pour décrire le profil elevé des co-
lonnes. » Cet ouvrage ayant été critiqué dans le
Journal des Savants, du 2 mars 1665, Huret fit,
le 5 mars 1665, une réponse à cet article, réponse
qui fut suivie de *cinq avis* donnés le 4 avril de la
même année.

L'ouvrage le plus important de Huret est donc
le *Traité de portraiture*, et il forme un in-folio
de 159 pages, accompagnées de huit planches renfermant 62 figures, et, en outre, de deux grandes
gravures servant de frontispice. Tous ces dessins
et gravures sont faits par Huret lui-même, et dé-
notent un grand talent. Dans le texte, on trouve
aussi un certain nombre de propositions qui font
voir qu'il avait des connaissances en géométrie ;
on voit qu'il connaissait la théorie des sections
coniques, théorie qu'il avait étudiée dans les ou-

vrages d'Apollonius, de Pappus, de Midorge, et
dans *le Brouillon-projet, etc., de Desargues* ; mais,
après cela, l'ouvrage de Huret est un recueil fort
curieux de tous les paradoxes qu'il a pu inven-
ter sur la perspective, paradoxes qui lui servent
à critiquer les principes connus de perspective
qui se trouvent dans les ouvrages anciens et particulièrement dans les ouvrages de Bosse.

Nous voyons déjà, par le seul titre de l'ouvrage,
qu'il prétend s'affranchir des points de distance,
dedans ou dehors le tableau ! et qu'ensuite les
méthodes exactes que donnent la géométrie ne sont
enseignées que pour donner connaissance à l'esprit
et non *pour être pratiquées !* Dans le cours de l'ouvrage, il cherche à prouver que les règles de la
perspective, dont cependant il reconnaît l'exactitude, ne sont bonnes que pour représenter quelques édifices d'architecture, encore en les modifiant et en prenant pour cela divers points de la
vue dans le même tableau ! que cette science n'a
rien à faire dans les représentations des objets
naturels, tels qu'hommes, animaux, parce que la
géométrie et la portraiture tendent à deux buts
différents ! et qu'ainsi les figures de tous les ani-

maux et autres sujets compris de surfaces courbées
irrégulièrement doivent être portraites d'après le
naturel, comme les yeux les voyent, et chacun de
leur *point direct particulier* posé sur l'horizontale, etc. Nous ne relèverons pas toutes les erreurs
ou paradoxes avancés par Huret ; il nous suffit de
savoir que, partant de ces idées introduites par lui,
il critique, article par article, presque toutes les
propositions admises par la science et qui se trouvent exposées, d'après Desargues, dans les ouvrages
de Bosse. L'ouvrage entier n'a, comme on peut
facilement en juger, été composé que dans un but
d'hostilité contre son rival Bosse. Pour comprendre
ce passage, il faut se rappeler la querelle qui s'é-
leva à l'École des Beaux-Arts, entre Bosse, qui
y professait la perspective, et les peintres, à la
tête desquels était Lebrun, querelle à la suite
de laquelle Bosse préféra se retirer de l'Académie
dont il était membre, plutôt que de renier les
principes de perspective qu'il avait appris de Desargues. C'est là le commencement de cette dis-
cussion interminable, qui dure encore, entre la
science et la pratique. Huret, qui était aussi de
l'Académie, quoique géomètre, prit parti pour la
pratique, et c'est pour répondre à Bosse, son rival,

comme graveur, et avec lequel il avait eu de vives discussions sur la perspective, qu'il entreprit ce grand ouvrage, voulant donner raison à toutes les fantaisiesd es artistes qui ne voulaient ni ne pouvaient s'assujettir aux règles exactes de la science.

Nous nous écarterions trop de notre sujet, si nous voulions discuter toutes les erreurs que nous trouvons dans cet ouvrage ; il nous suffit de dire que la méthode de Desargues exposée par Bosse, étant exacte en tout point, ne pouvait être attaquée que dans la manière dont elle est plus ou moins élégamment exposée.

Ce qui nous a fait appeler l'attention sur cet ouvrage de Huret, c'est que, dans ses critiques contre Bosse et contre Desargues, on y trouve la seule analyse un peu étendue que nous ayons trouvée sur l'ouvrage de Desargues sur les sections coniques et ses *Leçons ténèbres*. Cette analyse, quoique faite dans un but peu bienveillant, fait voir cependant qu'il en avait reconnu le mérite. Nous donnons donc ici une copie de cette pièce intéressante :

EXTRAIT DE L'OPTIQUE DE PORTRAITURE ET PEINTURE
DE GRÉGOIRE HURET.

Paris in-folio 1670.

Page 157, sect. 369.

Secret fondamental du traité des coniques du
sieur Desargues, intitulé : *Lecons de ténèbres et
Broüillon-projet*, ensemble quelques considérations
dessus.

« Parce que les raix visuels parcourant la circonférence d'un cercle géometral forment un cone
qui a pour base ledit cercle, et son angle de sommet en l'œil du regardant, ainsi qu'il est démontré
sect. 298 de ce traité, il s ensuit que le tableau ou
transparence qui coupera ledit cone fera nécessairement une section conique qui sera circulaire,
si le tableau coupe ledit cone parallelement ou
sous-contrairement à sa base, ainsi qu'il est démontré *sect.* 322 et 328, et elliptique en toute
autre position de tableau, qui pourra couper les
deux costez du cone, parabolique s'il coupe le cone
parallelement à son costé, et hyperbolique s'il le
coupe sur sa base sans estre parallele à ses costez.

Et partant puisque la proportion ou analogie des
appliquées du cercle se continuë aux appliquées
des autres sections, ainsi qu'il est démontré
sect. 302, 303, 307, 308. Suivant la méthode
d'Apollonius, il s'ensuit que les raisons et proportions qui seront etablies sur ledit cercle géometral par les entre-coupures des coupantes et
touchantes, etc., seront conduites par les raix visuels sur la section conique du tableau, sur lequel
elles constitueront les mesmes proportions sur les
lignes perspectives, coupantes et touchantes ladite
section, que celles que leurs correspondantes géometrales constituent sur ledit cercle géometral, et
cela de sorte que les points qui se trouvent sur la
section sont les apparences des points qui sont sur
le cercle, et les points qui se trouvent dans la section, aux entrecoupures desdites coupantes, seront
les apparences des semblables entrecoupures dans
ledit cercle géometral.

Donc, comme au cercle on peut mener, de deux
points, un dehors et l'autre dedans, des lignes qui
s'entrecoupent en des secmens qui seront costez
de rectangles égaux, lesquels rectangles se pourront mettre en proportion et comparer de deux en
deux, ou de quatre en quatre, ainsi que les huit ou

dix rectangles de la figure 3 de la thèse de 1640, il s ensuit que faisant trouver les mesmes raisons sur de semblables coupantes, en la sujetion de quatre ou cinq points donnez (non en ligne droite), elles porteront la mesme proportion sur le quelconque plan auquel seront lesdits points donnez, qui partant se trouveront situez sur une section conique qui sera d'autant plus différente du cercle que plus la position desdits points donnez sera irrégulière.

Et voilà la principale visée qui a donné lieu audit sieur Desargues de charger de raisons composées les touchantes et coupantes la section, en son dit Broüillon-projet qu'il a laissé imparfait, et auquel, pour but commun des rectangles égaux, il ajoute sur les principales coupantes un point qu'il nomme *la souche,* dont ladite coupante *est l'arbre,* et *les autres en sont les ramées,* qu'il distingue par *des brins qu'il accouple et découple,* etc., ainsi qu'il *engage et dégage ses souches réciproques,* et chacune desquelles procrée sur lesdits *arbres* et *ramées,* etc., et les mêmes analogies de points que celles que le centre du cercle géometral procrée tant sur son diamètre prolongé en dehors jusques aux touchantes ledit cercles, que sur les dites touchantes, etc., et lesquelles choses il a ainsi nommées extraordinairement de noms champestres pour tacher de faire croire qu'il n'avoit jamais veu Apollonius, Papus, etc., et n'auroit jamais tiré aucune lumiere d'eux, en conséquence de ce que son procédé est autre que le leur ; ce qui n'empesche pas qu'il ne leur doive toute la lumière de sa premiere connaissance en cette matiere et de l'industrie qu'il y employe, comme il doit aussi à la perspective la visée de l'ordre et du chemin qu'il a suivy.

Or, parceque cette nouvelle méthode ne considere que le transport ou conservation des mesmes raisons et proportions de la figure géometrale sur la figure perspective, cela fait qu'elle n'a besoin de travailler ny d'etablir ses hypotheses sur la section angulaire par l'axe, ce qui la rend comme indépendante de la mediation d'un grand nombre de propositions qui s'appuyent l'une sur l'autre, pour demontrer comme piece à piece les differentes proprietez des diametres et des costez droits ou coëficiens, et des tangeantes, et c'est pourquoy cette méthode est comme une espece de matrice (ou selle à tous chevaux) qui se peut approprier, comme par un mesme procédé, sur toutes les sections coniques généralement (puisqu'elles se peuvent toutes trouver sur une transparence, *sect.* 299), et toujours par les mesmes proportions seulement, plus ou moins multipliées, suivant que la position des points donnez feront trouver les sections opposées ou conjuguées.

Or, voilà ce que cette nouvelle manière a de plus considérable, et je suis si porté à honorer ce que les autheurs françois produisent de bon, que je dis que si une semblable pensée estoit venuë auparavant à quelqu'un de ceux qui ont donné des elemens coniques, il ne l'auroit pas laissé en arriere, parce que cette maniere (qui est la meilleure des œuvres du dit feu sieur Desargues) est si déprise et differente de celles d'Apollonius, Papus, etc. (et mesme en quelque façon plus universelle), qu'il me semble qu'elle valoit la peine d'estre manifestee.

Ainsi le dit sieur Desargues en a fait son capital, par les louanges qu'en 1640 il s'est fait donner en la these de monsieur Pascàl fils, intitulée : *Essay pour les coniques ;* et c'est aussi par cette mesme méthode, et en conséquence de cette these, qu'il a fait les trois dernieres propositions géometriques qu'il a mis à la fin du dit traité de perspective de 1648, comme encore celle pour le fondement de la perspective, page 336, pla. 151 du dit traite.

Neantmoins, il faut remarquer qu'on ne pourra

trouver par ladite méthode ce qui se trouve par
celle d'Apollonius Pergeus, sçavoir un si grand
nombre d'excellentes propositions si ingenieuse-
ment et differemment démontrées, et cela par des
industries et subtilitez merveilleuses, et qui sont
suivies, comme de degré en degré, de tant de belles
conséquences sur lesquelles sont fondées les constructions des instrumens ou organes mécaniques,
pour décrire tout d'un coup lesdites sections coniques sur leurs diametres, soit axes ou conjuguez,
ainsi qu'il est dit *sect.* 316, 317, 318 de ce traité,
d où on voit que ladite methode d'Apollonius est
non seulement la premiere et le fondement de
toutes les autres, mais aussi qu'elle est la seule
utile et incomparable pour donner des elemens
coniques.

Comme encore que ladite maniere est si embar-
rassée, que quoy que le dit sieur Desargues n'aye
fait qu'une petite partie des elemens coniques en
son Brouillon-projet, il a esté contraint d'y faire
un errata (et apparamment après coup), lequel
contient presque autant de pages que la neufieme
partie de l'œuvre, et s'il y en a d'obmises, mais
comme elles sont moins importantes, elles peuvent
aussi bien passer pour fautes d'impression que

celles dudit errata, ainsi que six fautes qui sont en
ladite these de 1640. Quoy qu'elles y corrompent
partie des hypotheses ou costez des plans rectangles
qui doivent constituer les raisons et proportions
qui servent aux démonstrations ; mais comme aussi
que ce que les droites P, Q et N, O, manquent en
la premiere des trois figures, n'est que du fait du
tailleur en bois.

Mais, puisque ledit sieur Desargues et M. Pascal
fils (son disciple en cette matiere), n'ont pu achever,
durant un si long-temps, ces elemens coniques, on
peut raisonnablement croire qu'ils y ont trouvé
tant d'embarras et tant de répétitions à faire, principalement pour les deux hyperboles opposées, et
encore plus pour les quatre conjuguées, que la
lassitude les a contraint d'abandonner la méthode
et l'ouvrage, lequel, suivant toute apparence, de-
meurera à jamais imparfait et enveloppé dans les
ténebres que son titre luy donne; et que son autheur a aussi donné (autant qu'il a pu) au principal
de la dite méthode, afin de n'en avoir aucune obligation à la perspective, comme il a aussi changé
tous les termes antiques d'Apollonius, et pour ne
luy avoir aucune obligation de sa connaissance des
coniques, et faire croire qu'elle luy avoit esté natu-

rellement infuse, en ayant aussi vsé de mesme envers l'ancienne maniere traditive de la coupe des pierres, et en quoy on voit qu'il a esté aussi ingrat ecolier envers ceux qui l'ont instruit, qu'il a esté depuis désagréable, obscur et inutile maistre envers ceux qu'il a pretendu instruire pour n'avoir eu les conditions ny les intentions necessaires à enseigner, et telle qu'il va estre dit.

RECUEIL ET EXTRAITS

DE

Divers libelles contre Desargues avec quelques observations sur ce sujet :

1° DUBREUIL ET MELCHIOR TAVERNIER;
2° UN INCONNU;
3° AVIS CHARITABLE, ETC.
4° LETTRE DE BEAUGRAND;
5° CURABELLE;
6° FAIBLESSE PITOYABLE, ETC.

LE P. DUBREUIL ET MELCHIOR TAVERNIER.

En 1642, purut un ouvrage de perspective,

ayant pour titre :

LA PERSPECTIVE PRACTIQUE, NÉCESSAIRE A TOVS PEINTRES , GRAVEVRS, SCVLPTEVRS, ARCHITECTES, TAPISSIERS ET AUTRES SE SERUANT DU DESSEIN.

Par vn Parisien religieux de la Compagnie de Iesus.

A Paris, chez MELCHIOR TAVERNIER, hydrographe, graueur et im-primeur du Roy, pour les cartes géographiques et autres tailles douces, et chez François LANGLOIS dit CHARTRES. — 1642.

Sous l'anonyme de Parisien de la compagnie de Jésus, plusieurs auteurs, notamment Niceron, dans son ouvrage ayant pour titre, Thavmatvrgvs opti-cvs (page 111), ont cru reconnaître le P. du Breuil; cependant, nous ferons remarquer que la dédicace est de Melchior Tavernier à Son Altesse le Prince Louis de Bourbon, duc d'Angvien, etc., et qu'on y trouve cette phrase « Je scay que l'original de ce liure que le sieur Gauthier qui a l'honneur d'estre

ingénieur ordinaire de Sa Majesté et de V. A, m'a
mis en main par son commandement, a esté fait
auec d'autres pour son vsage, par vne personne
religieuse de la Compagnie de Iesus, entierement
dediée à son service et qu'elle l'a tiré de son cabinet pour le donner au public comme vne pièce
qu'elle recognoist estre extrêmement nécessaire à
toutes personnes qui se meslent du dessein.....

Je ioindray mes actions de grace, qui eussent
esté peu considérables toutes seules, à celles de
tous ces peuples pour remercier V.A de la faveur
très-particuliere qu'elle m'a faite de m'avoir employé à vn ouurage qui receura d'elle tant d'éclat
et tant de gloire. Ie la supplie auec toutes les affec-
tions et soumissions qu'il m'est possible d'agréer
ce que ie luy présente, à quoy ie n'ay fourny, non
plus que l'autheur, qu'vn peu de mon trauail, tout
le reste venant de la main de V.A., etc. » — On reconnaît par cette dédicace que Melchior Tavernier
est d'abord l'éditeur de cet ouvrage, composé sur
un ancien manuscrit de la bibliothèque du prince
Louis de Bourbon, manuscrit qui était probablement du P. Dubreuil, mais ensuite, en lisant l'ouvrage, on voit qu'il contient plusieurs pratiques
extraites de divers auteurs et entr'autres de Desar-

gues, de sorte que nous sommes porté à croire que
Melchior Tavernier qui a modifié, augmenté l'ouvrage du P. Dubreuil, doit être regardé comme
ayant eu une grande part dans sa rédaction.

Cet ouvrage in-4° contient 150 planches, accompagnées de 150 pages de texte explicatif, se termi-
nant par une table très-détaillée (de 10 pages) formant ainsi un traité complet de perspective ne devant pas avoir de supplément.

Il est facile de juger que ce traité de perspective
n'a aucune valeur scientifique ; c'est un recueil de
procédés particuliers pour mettre en perspective,
différentes figures, sans aucune méthode générale.
On s'aperçoit bien vite que l'auteur n'est pas fort
sur les principes ; toutes les fois qu'il peut résoudre le problème par l'emploi du point de vue et des
points de distance, il opère avec exactitude ; mais
lorsqu'il s'agit de mettre en perspective un bâti-
ment rectangulaire, placé comme il le dit, sur
l'angle, il n'opère exactement que dans le cas où
ce rectangle placé sur l'*angle*, ait ses deux faces
rectangulaires également inclinées sur la ligne de
terre et encore dans ce cas, il faut interpréter à
son avantage les termes dont il se sert.

L'auteur dans sa préface, indique les noms des

divers auteurs de perspective, qu'il a consultés,
et parmi eux se trouve celui de Desargues. En
effet, on trouve à la fin de ces pratiques, la
méthode de Desargues fort inintelligemment, il
s'y sert de la même figure; mais, suivant Desargues, avec des erreurs de construction. Son dernier chapitre sur « la pratique pour trouver les
ombres natvrelles tant au soleil et au flambeau
qu'à la chandelle et à la lampe, » contient de
nombreuses erreurs; lorsqu'il s'agit du soleil il
place toujours le pied de la verticale abaissée du
soleil sur le plan horizontal, près des objets eux-
mêmes et ensuite il dit : que les ombres des verticales, sont des droites paralleles, ce qui est juste
géométriquement, mais non en perspective, et il
les fait aussi parallèles. En définitive, c'est un
mauvais ouvrage rempli de fautes.

A l'apparition de cet ouvrage, Desargues en prit
connaissance, et il vit que sans le prévenir, on avait
fait usage et même copié son mémoire de 1636 et
encore avec des erreurs, il fut irrité de ce manque
de procédé ; alors reconnaissant bien vite les erreurs qu'il renfermait ; il fit placarder en janvier
de cette année, 1642, sur les murs de Paris deux
affiches contre l'auteur inconnu de cette perspec-

tive. La première intitulée, ou commençant par ces mots « *Erreur incroyable* » et l'autre « *Fautes et faussetés énormes.*» Et de plus il fit imprimer la même année un petit livret avec figures et démonstrations intitulé : « *Six erreurs de pages* » et dans ces feuilles, il relevoit vivement et d'une maniere probablement très-violente les erreurs contenues dans cet ouvrage, accusant l'auteur inconnu d'être un copiste maladroit, ce reproche de copiste étant répété plus de 12 fois; et d'avoir violé son privilege qu'il avoit fait voir aux sieurs Tavernier et Chartres.

Ces écrits de Desargues sont malheureusement perdus, nous ne les connaissons que par les réponses très-vives qu'ils lui attirèrent de la part de ceux intéressés dans la vente de l'ouvrage et à la tête desquels on doit nécessairement placer Melchior Tavernier.

Telle fut l'origine et la cause des nombreux libelles dirigés, sous le voile de l'anonyme, contre Desargues et qui l'affligèrent vivement, comme on peut le juger d'après ses réponses contenues dans les reconnaissances signées de lui, qui sont en tête des ouvrages de Bosse.

Le premier de ces écrits contre Desargues est

une réponse à ses deux affiches contre la perspective pratique : il est sans nom d'auteur, mais il a
été évidemment composé par l'auteur ou l'éditeur
de la perspective pratique. Nous pensons qu'il doit
être de Tavernier, le plus intéressé dans cette
affaire. On voit qu'il se vend chez lui, Mel. Tavernier et chez son confrère F. Langlois, dit Chartres,
à Paris 1642 : nous croyons devoir en donner ici
l'avis au lecteur, qui en l'absence des affiches de
Desargues, nous en fait connaître le contenu et les
réponses de l'auteur.

DIVERSES MÉTHODES

VNIVERSELLES ET NOVVELLES,

EN TOVT OV EN PARTIE POUR FAIRE DES PERSPECTIVES, AVEC
LA LIBERTÉ DE METTRE LA DISTANCE, POUR ESLOIGNÉE
QU'ELLE PUISSE ESTRE, EN QUEL LIEU ON VOUDRA, SUR L'HO-
RIZON DU TABLEAU OU CHAMP DE L'OUVRAGE, ET MESME
SANS AUCUN POINCT QUE CELUY DE L'ŒIL. LE TOUT AVEC
VNE TRÈS GRANDE IUSTESSE, PROMPTITUDE ET FACILITÉ.

Tirées povr la plvs part du contenv du livre de la perspective pratique.

Ce qui servira de plus de response aux deux affiches du sieur Desargues
contre la dite Perspective pratique.

A Paris, chez Melchior Tavernier, hydrographe, graveur et imprimeur du Roy pour les cartes géographiques, et autres tailles-
douces, en l'isle du Palais, à la sphère Royalle. Et chez Francois
l'Anglois dit Chartres, rue St-Iacques, aux colomnes d'Hercules,
proche le Lion d'argent.

MDCXXXXII, avec privilège dv Roy.

AV LECTEUR.

L'on ne gouste iamais mieux les délices de la
douceur, qu'après vne grande amertume, et l'es-

prit n'a point de plus grande satisfaction en la connoissance d'vne vérité, que lorsqu'elle a esté bien agitée et débatuë, ce qui me fait esperer que *ces quatre ou cinq méthodes vniverselles* pour la perspective seront receuës auec plaisir, puis qu'on y verra la bonté de celle qu'on dit ne valoir rien, et que la pluralité que ie donne dans vne grande facilité désabusera ceux qui se mettoient au-dessus des autres, pour en auoir donné vne empruntée toute embroüillée et confuse. Il est vray qu'il y en a vne qui tient quelque chose de la maniere que feu M. Aleavme a trouué, ainsi qu'on m'a asseuré bien certainement qu'il en estoit le véritable autheur, et *non pas le sieur Desargues qui s'en veut préualoir pour en faire vne partie de son reuenu* et s'acquérir le nom d'autheur qu'il ne mérite pas, ne pouuant aspirer au plus qu'à celuy de coppiste, qu'il veut donner aux autres qu'on scait auoir fait plus que luy. S'il dit que moy-mesme ie luy ay donné cette qualité, et mis en ce faisant au rang des honnestes gens, il faut attribuer cela à ma crédulité, ayant tenu pour véritable ce qui s'en disoit sans auoir examiné de plus près l'affaire. Mais pour euiter le blasme d'auoir osté l'honneur à qui il appartenoit, et l'auoir donné à celuy qui ne le mérite pas, ie promets publiquement qu'à la deuxiesme impression ie mettray ledit sieur Aleaume pour autheur ou le sieur de Vaulezard qui prétend l'auoir mis en lumière et le sieur G. D. L. cherchera par après telle place que le desir de gloire qui le picque luy indiquera, et demeureray auec cette satisfaction d'auoir osté de mon livre l'erreur la plus incroyable, et la faute la plus énorme qui s'y rencontre. Si le sieur G. D. L. eust consulté sa sagesse et ses amis, au lieu de son humeur vn peu moins modérée qu'il ne faut, on luy eust conseillé de laisser les choses comme elles estoient dans l'asseurance qu'il pouuait auoir, que si sa maniere estoit trouuée meilleure qu'on la suiuroit, et que l'vn n'estoit pas pour empescher le debit de l'autre, tout eust esté paisible, et l'on n'eust pas remué des choses qui ne scauroient estre qu'à sa confusion, au contraire il deuoit procurer et desirer, que mon liure fut veu par tout le monde, puis qu'il portoit sa gloire, et luy donnoit vn titre qu'il n'a pas mérité; mais se voulant trop éleuer et reprendre les autres, il s'est fait connoistre et paroistre tel qu'il est, *qui s'eleue trop haut, Dieu permet qu'on l'humilie.*

Je dis donc que ces méthodes vniuerselles ne
sont pas toutes de ma pure inuention, puis que
celle dudit sieur Aleavme ou Vaulezard m'en a
donné le iour, l'ayant suiuy tant qu'il m'a esté
possible en vne ou deux; mais non pas l'embaras
et la confusion des termes et des lignes de celuy
qui la coppiée, ou peu de personnes voyent clair;
je me suis efforcé de la rendre méthodique, aisée
à entendre et facile à pratiquer, ainsi que l'on
verra aux figures qui suivent; quoy qu'elles ayent
déja esté mises au liure de la *perspective pratique*
ou quelques uns les auront pû voir, ou pour y
auoir esté trop serré, je n'ay pas esté assez clair,
au dire du sieur G. D. L. qui se plaint de n'y
voir goutte. C'est donc à sa considération et à
celle des autres qui desirent en tirer quelque
profit que je les ay séparées, tant pour les prouuer à ceux qui en doutent, que pour en faire
mieux connoistre la beauté, estant très-véritable
qu'elles sont plus promptes, aussi iustes et aisées
à entendre et pratiquer, que toutes les autres
qui auront parû iusqu'à maintenant; quoy qu'en
dise le sieur G. D. L. qui poussé de ie ne sçay
qu'elle esprit, oseray-je bien vser de ces termes

à son imitation, d'enuie, de jalousie ou d'interest,
s'efforce d'en diuertir ceux qui en pourroient
tirer quelque vtilité, disant par tout de bouche
et par escrit, que ma perspective est pleine d'erreurs et toute fautive, et que quiconque s'en
seruira après les aduis qu'il en donne se trompera
sciemment. Il est vray que ce qu'il en dit, seroit
pour en détourner qui que ce fut, si ie n'en don-
nois des démonstrations toutes euidentes par les
figures que l'on verra cy-après. Qui ne connois-
troit ce personnage, l'en croiroit ce qu'il dit et
ses adresses à rabaisser les autres passeroient pour
véritez ; mais Paris a trop d'yeux pour n'y en
auoir pas d'assez forts pour pénétrer ses finesses :
l'on a très-bien découuert toutes ses ruses et reconnu que tant de bruits n'estoient que par interest ; car ayant preueu des premiers, que si l'on
venoit à découurir la beauté et facilité de ces
méthodes, et les secrets qu'elles contiennent,
qu'on seroit pour quitter c'elle qu'il dit la sienne
comme pleine de longueurs pour prendre celle-
cy ; il a fait et fait tout son pouuoir pour la
descrier : Et comme il voit que l'on ne laisse
pas nonobstant ses menées de fort bien débiter le
liure ou elles sont ; il tasche par toutes voyes de

faire croire auec ses placards que ce liure necon-
tient que des erreurs incroyables et fautesénormes,
et pour authoriser son dire et ce faire croire véritable, il va ramassant cinq ou six manquements à
ce qu'il prétend, en un liure de cent cinquante
planches et plus de trois cens cinquante figures;
sans considerer qu'ayant esté faites fort promptement, il a esté fort difficile, qu'il ne s'en soit
coulé quelqu'vne moins correcte, aisée neantmoins
à corriger; ie dit quelqu'vne, car de fait de cinq
ou six qu'il marque, il n'y en a qu'vne qui, prise
en son sens, mérite que censure où est l'ombre
de la pointe d'vne pyramide, ie dis pris en son
sens, car on luy fera veoir cy-après qu'on la peut
prendre en vn autre auquel elle se trouue légitime. Il ne pouuoit mieux rencontrer pour faire
paroistre par le discours son style picquant; mais
peu consideré veu qu'il deuoit prendre garde que
i'auois aduertis à la page 126 que les figures
127 et 128 n'estoient pas selon l'art de la perspectiue; car pour celle qu'il croit la plus énorme
et pour laqu'elle il a gasté plus de papier à faire
des placards qu'on n'en a employé à imprimer tout
ce qu'il dit estre ses œuvres; ie ne vois pas qu'il
ait sujet de tant crier, puis qu'il n'y a autre chose

à dire là–dessus, sinon qu'il a diuisé vne ligne
en sept et moy en six. Ce que ie pourrois dire
en sa faueur, ayant tousiours crû que i'avois
affaire à vn honneste homme, et ne croirois pas
m'estre trompé, n'estoit que ceux qui font profession d'honneur ne se seruent point d'iniures
comme il a fait dans ses placards, ce seroit en
cecy que i'aurois failly mais surtout, d'auoir
fait mémoire de luy, et quant à son procedé il
pouroit attendre le retour de ses inuectiues ,
n'estoit que ie suis d'vne profession qui semble
luy donner plus de liberté de vomir cette mauuaise humeur dans l'asseurance qu'il a, que nous
n'auons point de bouche n'y de plumes pour re-
pliquer à tels compliments, qui nous sont faits
assez ordinairement par ceux mesme que nostre
amitié, où nos bien–faits deuroient solliciter à
deffendre nostre innocence.

Ses saillies m'ont mis dans l'estonnement plusieurs fois ne scachant comme prendre ses discours, si comme vérités ou comme des remerci-
mens à sa façon, desquels il promet estre très-
libéral en ses escrits; mais ayant consulté ses
affiches, elles m'ont découuert le secret, et fait
connoistre que son propre interest plutot que

celuy de la France, luy a fait dire qu'il faudroit
supprimer mon liure, d'autant qu'il voit bien que
où il paroistera celuy qu'il promet il y a si long-
temps, et lequel il fait attendre comme vn autre
merueille du monde, en ayant sonné la trompette
déjà trois ou quatre fois par tout Paris pour dire
que ce liure viendra, afin que l'on se dispose à le
receuoir comme vn chef-d'œuure de l'vniuers, produit par l'esprit le plus sublime et le plus délié
pour les sciences qui ait iamais esté ; sera peut-
estre delaissé comme moins vtile et plus embarassé, et qui· dit beaucoup pour ne guère faire:
et quant à moy, s'il ne donne des exemples de
chaque chose en particulier comme i'ay fait en la
Perspective pratiqve, et vne méthode plus facile à
entendre que celle que i'ay veuë de luy ; je lui
conseille comme son amy, de dire tousiours qu'on
grave les planches et que M. Bosse les acheue
sur le quay de la Megisserie ; car, si cela est, il
n'y aura que ceux qui se voudront rompre la teste
sans profit, qui doiuent en achepter, ou qui desireront se diuertir à la veue des figures, en quoy
il arriuera peut-estre que la bonté de l'esprit et
du burin du sieur Bosse en fera mieux connoistre
et comprendre la pratique, que la plume et l'ins-

truction de celuy qui s'en fait l'autheur, et qu'il ne
se flatte pas en cela de dire qu'il a fait le sieur
Bosse et le sieur Laheyr ce qu'ils sont excellens en leur art, comme il s'en vante par tout;
car il se trompe fort ayant apris de quelqu'vn qui
les a pratiqués bien particulierement, que la force
d'esprit de l'vn et de l'autre corrige bien souvent
les defauts de celuy qui se dit leur maistre, qui se
mocquent sans doute en leur cœur de luy, iugeant
auec raison que c'est trop estimer de soy de penser
que pour auoir fait vne seule figure de Perspectiue
ou pour parler comme luy vne cage formée de
quatre lignes pour le plan, et d'autant pour l'eleuation qu'on soit l'incomparable et le plus grand
Perspectif qui ait paru sur terre, et que c'est trop
s'en faire accroire, que de s'esleuer auec excès par
dessus ceux qui l'entendent au moins aussi bien
que luy, et qui sont inconnus et le veulent estre. Ce
que ie dis de la perspective se peut dire des autres
sciences, qu'il croit posseder vniquement; car on
verra bien-tost comme i'espere quelques ouurages
ausquels il pourra bien apprendre, qu'vn seul
exemple ne dit pas tout, que la pratique qu'il
decrie si fort par ses escrits, a des connoissances
que la théorie ne peut auoir que par l'expérience.

Et quand bien ce peu qu'il dit auoir fait seroit
entierement de luy comme il l'asseure, ce que les
sieurs Aleavme et Vavlezard ne confesserons pas,
deuroit-il pour cela preualoir à tous, ce seroit auoir
la palme à bon marché, encor bien que son inuention fut vne piece capable de suffire toute seule à
pratiquer cet art si admirable de quoy elle est bien
esloignée; car par cette cage l'on apprend pas
à donner le tour à une porte ronde, à luy façonner
son ouuerture, à former le ceintre d'vne voute
croisée, à placer des poutres et des soliuaux, à
donner le tour à vne montée, n'y esleuer vn escalier ou mettre quelques moulins, pompes ou
machines en perspectiue; et quantité de choses
qu'il faut pratiquer en particulier pour s'y rendre
maistre, après qu'on en a appris les principes
généraux, comme i'en ay vsé en la *Perspectiue
pratique*. Et ce que ie dis se doit entendre tant
de la pratique des sieurs Aleavme et Vavlezard
que de toutes autres méthodes pour vniuerselles
qu'elles soient; car les vnes et les autres suppo-
sent tousiours que celuy qui s'en voudra seruir,
scachant les principes et fondements de cette
science, doit, à moins que de perdre son temps,
descendre au particulier les vains efforts de plu-

sieurs qui en ont vsé, autrement pourroient seruir
des tesmoignage à mon dire, et particulièrement
de ceux qui ont prétendu se preualoir de la
methode du sieur G. D. L. de l'an 1636. Il est
vray que ce nouueau maistre ayant depuis reconnu
que l'embaras de cette figure en ostoit l'vsage ; il
s'est aduisé de se seruir de l'eschiqué ou treilly,
faisant vn grand nombre de quarrez, pour en
trouuer vn seul, comme si c'estoit pour faire vn
plan, ou il y eust beaucoup d'ouurage (ainsi que
l'a enseigné par cy-devant Serlio, et qu'on le peut
voir en la *Perspectiue pratique* aux pages 35 et 36),
et puis le dit sieur asseurera que ce trillis est de
son inuention et qu'il n'est point coppiste, et qu'il
ne fait rien de son génie, et que tous les autres ne
font qu'imiter, et que tous leurs ouurages ne sont
que coppies, comme il appelle le liure de la *Pers-*
pectiue pratique plus de douze fois dans ses placards, quoy qu'il ne puisse montrer vingt pièces
coppiées en ce liure qui contient 155 planches
et la plus part à doubles figures, pratiques et ins-
tructions, et presque toutes de l'inuention de
celuy qui ne se nomme pas, et qui ne se tient pas
beaucoup offensé d'estre appellé coppiste, n'y son
liure, liure de coppie, sçachant très-bien qu'il

n'en receura ny plus ny moins de profit ; car pour
ce qui est de l'honneur et de la gloire, s'il y en a,
il la rend toute à Dieu ; ensuite de laquelle il n'a
point eu d'autre but en faisant cest ouurage que
de seruir le public ; et si quelque chose le deuoit
fascher, se seroit de voir que le sieur G. D. L.
tasche de rompre son dessein, en cela le décriant
en toutes les façons qu'il peut , et faisant pour
mieux couurir son dessein l'homme d'estat, il
prend l'insterest de la France, et dit que c'est vne
honte de faire voir aux estrangers que nous intro-
duisons des fausses pratiques d'une science, qui a
ses démonstrations infaillibles , quoi que luy
mesme auec des yeux, i'ay quasi dit d'enuie à
son imitation n'y a pu remarquer que quelques
legers manquements, voire mesme presumptifs,
qu'vn esprit bien fait auroit plustost attribué à
inaduertence qu'à ignorance, veu que les maximes
générales que donne l'autheur, et qu'il a deuëment
pratiqué en plusieurs exemples font voir euidem-
ment qu'vne figure ou deux se trouuant en quelque
chose défectueuses ne peuuent point causer d'erreur dans l'esprit des lecteurs, ces maximes générales estant suffisantes pour l'empescher. I'ai dit
que ces manquements sont présumptifs : car que

respondra-t-il si on luy dit qu'il s'est mespris luy
mesme, supposant que la poincte de la pyramide
dont il est icy question, et qui est ce à quoy il
s'attaque auec plus d'apparence de raison ne respond point au centre ; mais perpendiculairement
sur la ligne du deuant du plan ? Cela estant ne
faudra-t-il pas qu'il aduouë qu'il a mal repris, et
que cette pratique qu'il produit comme défectueuse
est très-bonne et légitime ? Autant en peut-on dire
des autres qu'il cotte dans ces placards. Et puis
l'autheur de ce liure de la perspectiue ne se dit
pas impecable, et n'a pas assez de front pour défier
tout le monde d'y trouuer à redire comme fait
le sieur G. D. L., et aussi luy estant très aisé
d'estre repris, et ledit Desargues de le reprendre.
Voilà le moyen trouué pour faire que l'vn et
l'autre soit content, quant à ce point ; car pour le
surplus ie ne le suis pas encore ; et de vray, ie
demande à toute personne sans interest, s'il n'y
auroit pas plus de blâme pour la France, que
les estrangers eussent reconnu que le plus braue
et le plus subtil esprit qui y soit pour les arts
et les sciences, comme le croit estre le sieur
G. D. L., n'ait encore fait voir pour tout ouurage
qu'vne cage, de laquelle il paroist si jaloux, qu'il

veut par tout moyen qu'elle luy appartienne, et
qu'elle luy soit propre : et pour laquelle il mene
plus de bruit qu'vn jay ou vn perroquet ne feroit pour la sienne ; il est sans doute euident que
tout bien consulté on iugera l'vn plus au mespris de la France, que l'autre qui se peut facilement rendre correct mesme par ceux qui y
liront la doctrine pour y apprendre, s'il y a quelque faute et seruir vtilement au public, puis que
ce liure de *Perspectiue pratique*, qu'il voudroit
perdre, et qui est à ses yeux ce que le soleil est
à ceux des oyseaux de nuit, contient plus de
350 pratiques différentes, dont la moindre vaut
beaucoup plus que sa cage.

Outre ce que dessus en ses deux placards ou
affiches, il se plaint de plus qu'on a violé son privilege qu'il auroit fait voir aux sieurs Tavernier
et Chartre. Mais c'est à quoy i'ai pensé le moins
n'y fait aucune reflexion, laissant ce debat à ceux
qui y ont interest. Si bien ay-je de la peine de
conceuoir comme vn autheur puisse légitimement
se plaindre qu'on copie ses ouurages, puisque
c'est vne marque qu'on en fait quelque estime : et
pour ce qui concerne mon procédé ie soustiens
qu'il n'y a rien sur quoy il puisse mordre, à raison

que pour enfreindre vn priuilege, il faut que ce
que l'on a fait soit tout à fait égal à l'ouurage pri-
vilegié entièrement imité, et purement contrefait,
ce qui n'est pas icy, n'ayant point copié sa figure,
puisqu'il veut que je l'aye corrompuë ; en quoy à
la vérité il a quelque raison, veu que par megard
le point de distance supposée se trouue dans
l'horizon, marqué à sept pieds ou parties du poinct
de veuë en ma figure, au lieu que mon dessein
n'estoit que de s'en esloigner que de six, comme
par effet il se verra es pratiques que ie proposeray
cy-après ; surprise qu'il me deuait pardonner, veu
que les tenebres et obscurités de son style et de
son ouurage, m'ayant fortement embarassé l'imagination lors que ie le consideroïs, elles m'ont en
suitte, et comme il arrive mesme au plus auisés
en telles occurrences, laissé moins d'attention pour
prendre garde à ce que i'escriuois, non a dessein
de luy nuire comme il le prétend, mais bien de
le rendre plus intelligible, ce qu'au surplus ie
croy auoir fait assez heureusement, puis que ma
figure est deschargée de plusieurs traits inutiles,
où la sienne au contraire est dans la confusion,
et embroüillée de tant de lignes que tout y paroist
dans le désordre ; et que d'ailleurs ie n'ay suiui ny

sa maniere, ny ses termes et son explication, ayant
mis en vne seule page fort intelligiblement tout ce
dont il fait vn liure qu'on ne peut entendre. Cela
n'estant pas coppier ny contrefaire vne piece, de
quoy se plaint-il donc? Et sur quoy formera-il ses
griefs? Sera-ce point peut-estre sur ce quil appelle
erreur incroyable, de ce qu'on n'a pas obserué en
ma figure, ce qu'il appelle la touche conuenable
et nécessaire, du fort et du faible : à entendre ces
mots vous diriez qu'il dit des oracles, et c'est cela
mesme qui bien consideré le met dans le mespris,
et fait voir à vn chacun qu'il semble auoir oublié
les définitions d'Euclide (si toutefois il les a iamais
sceuë, puisqu'il se vante de ne lire aucun autheur),
qui dit que *la ligne est une longueur sans largeur*,
et qu'il se contredit soy-mesme disant en la page 3
de son exemple que cette cage est bastie de simples
lignes. Qui a-il à dire, sinon qu'il manque bientost
de raison lors qu'il m'attaque en ce poinct, puis
que ie ne fais aucunement profession d'imiter ny
suiure ce qu'il pretend auoir fait, si bien de le re-
dresser ou ie le iuge à propos, chose à laquelle
tous ouurages mis au public sont sujets. Le dit
sieur **G. D. L.** a trauaillé iusque icy à faire esperer
beaucoup au public, voulant par sa pretenduë in-

uention donner vne méthode facile, mais au contraire la rendre si obscure par ses escrits et ses
termes barbares non vsitez, qu'il est impossible que
les ouuriers y puissent rien comprendre sans son
ayde, ou de ceux qui n'ayans pas moins d'experience en cet art que luy, la leur ont rendu intelligible, chose qui le picque à l'extremité; mais
neantmoins de soy si equitable que les plaintes
qu'il en fait ne peuuent luy apporter que du
blasme; et de vray n'est-ce pas vne chose ridicule
et du tout insupportable de mettre vn ouurage
en lumière, et le donner au public auec vne telle
obscurité qu'on n'y puisse rien entendre que par
la bouche de l'autheur. Et de quel nom qualifiera-
t'on le procedé de ce nouveau docteur, voyant
qu'il veut apprendre ceux qui sont à Rome, à
Constantinople, voire aux Antipodes, de le venir
trouuer à Paris, s'il veulent profiter de sa pratique?

Pour ce qu'il dit en sa seconde affiche, qu'il y
a cinq années que l'enuie n'ayant pû auec sa langue persuader que cette maniere vniuerselle qu'il
s'attribuë ne valoit rien, elle a tant fait qu'on a
fourré dans ce liure de la perspectiue pratique
vne figure de l'exemple qu'il dit sien, toute al-

terée et falsifiée par les griffes mesquines de l'enuie,
*il eust mieux fait de mettre par une main qui
voudroit le seruir* ; ie responds pour le des-abuser
vne bonne fois pour toute sa vie, que ie crois fermement que ny luy ny ce qu'il fait n'est pas matière d'enuie en aucune façon, et que pour mon
particulier ie ne luy en porteray iamais ; car tant
de ce qu'on m'a dit de sa personne que de ce que
i'ay remarqué en ses œuures, ie trouve par effet
qu'il n'y a pas de quoy ; et puis il doit scauoir
qu'il n'y a qu'vn an que i'ay veu sa belle cage
qu'il vante tant, aussi ne me mettois-je pas beaucoup en peine d'en sçauoir d'auantage , lorsque
sans m'en informer, et par hazard, l'on me dit
ce que ces lettres vouloient dire , d'ou ie pris occasion de le mettre dans ma préface, luy faisant
sans obligation vn honneur qui le deuoit obliger,
non a me dire des iniures, mais à me rendre dés
açtions de graces correspondantes à la sincérité de
mes bonnes intentions en son endroit. C'est bien
mal recompenser son bien-faiteur que d'en vser
de la sorte.

Ie me lasse d'vn si pauure entretien, et d'employer mon temps si mal à propos, le consommant
à vn sujet le plus maigre qu'il est possible de ren-

contrer. On me dit qu'il ne se tiendra pas de res—
crire, puis qu'il est rauy qu'on le nomme et parle de
luy. Sans se soucier beaucoup en qu'elle façon
l'on employe son nom, luy suffisant qu'il paroisse
sur le papier, et estant content pourueu qu'il puisse
donner vn coup, d'en receuoir quatre si on veut,
voire dauantage; mais cela me met fort peu en
peine, et ie le prie de croire qu'il ne me trouuera
pas en cela de son humeur, n'estant pas homme à
l'entretenir dans les desseins qu'il a de se donner
de la gloire : car ie dis vne fois pour toutes qu'il a
beau d'oresnauant dire, escrire et imprimer tout
ce qu'il voudra, ie promets de ne plus parler de luy
en aucune façon, au contraire, si i'en ay dit quelque chose, ie feray connoistre à quiconque m'en
parlera, que ie me suis mespris, et que ie l'ay pris
pour vn autre ; que s'il ne se soucie pas de perdre
l'honneur que ie luy pouuois donner de bouche et
par escrit, il peut croire que nous sommes à deux
de jeu de ce costé là; car de ma vie ie n'en ay
attendu en aucune façon de luy, ny de ses œuures;
c'est pourquoy ie lui baise les mains, et luy promets de ne plus toucher a ma plume a l'aduenir
pour luy respondre vn mot, ce que i'ay fait icy
pouuant suffire pour les des-abuser, et ceux qui luy

auoient presté l'oreille nommément si on y joint non-seulement cette méthode vniuerselle que mon ouurage contient, et qu'il vouloit abolir et soustraire au public, l'empeschant d'en tirer de très-beaux secrets, et plus d'vtilité que de celle qu'il veut faire passer pour sienne : Mais encore quatre autres faciles et aussi iustes quelles, et ce sont celles qu'vn chacun pourra voir aux feuillets suiuants.

————

MÉTHODES VNIVERSELLES POUR FAIRE DES PERSPECTIVES SANS METTRE LA DISTANCE HORS LE TABLEAU OU CHAMP DE L'OUVRAGE.

Suit l'exposition (en huit pages avec huit planches de figures) des méthodes de l'auteur. On y retrouve l'explication de la méthode de Desargues, qu'il attribue maintenant à Aleaume, il y joint quelques modifications peu importantes sur l'emploi d'un point dans le tableau, sur la ligne d'horizon destinée à remplacer le point de distance. Toutes ces méthodes sont justes, mais cependant ne sont pas données d'une manière fort intelligibles.

Nous remarquons dans l'avis au lecteur qu'il reproche à Desargues d'avoir copié la méthode et la construction des échelles de perspective, dans l'ouvrage d'Aleaume. Quel que soit le peu de fondement de ce reproche, nous l'avons examiné cependant, parce que cet ouvrage d'Aleaume, mis au jour par Estienne Migon, est un ouvrage remarquable. (Voir ci-dessus l'article sur Aleaume.)

L'auteur ajoute « je promets publiquement qu'a la deuxième impression, ie metterey le sieur Aleavme pour autheur ou le sieur de Vaulezard, » etc.

Cette promesse reçut son exécution, on fit une édition nouvelle en trois volumes *de la perspective pratique* et le premier, qui est censé être celui déjà imprimé, est complètement débarrassé des erreurs signalées par Desargues; de sorte que ce nouvel ouvrage en trois volumes est alors, pour le temps, un bon ouvrage de perspective, très-étendu à tous les sujets qui se rattachent à la perspective, mais quel en est l'auteur? Je ne crois pas que ce soit le P. Dubreuil, quoique l'ouvrage porte le même titre que le premier.

Ceux qui possèdent l'édition de cette *perspective pratique*, en trois volumes, peuvent donc, ignorant que ce n'est pas cet ouvrage que Desargue a

critiqué, chercher vainement les erreurs qu'il a
signalées. Dans un exemplaire de cette première
édition, qui appartient à M. Chasles, on ne trouve
pas l'erreur que Desargues signale sur la prespec-
tive et l'ombre d'une pyramide, nous croyons qu'il
y a eu quelques changements.

Dans la même année 1642, parut un nouveau libelle contre Desargues, sous un titre bizarre, sortant et se vendant chez les mêmes libraires et imprimeurs, Melchior Tavernier et l'Anglois dit Chartres, et fait évidemment dans le but de décrier tous les travaux de Desargues, il est encore sans nom d'auteur, mais évidemment Melchior Tavernier doit y avoir participé.

Ce libelle est un recueil de toutes les critiques dont les ouvrages de Desargues ont été l'objet, non seulement depuis ses affiches, mais antérieurement.

On y remarquera qu'il donne les titres des trois principaux ouvrages de Desargues et que dans l'avis au lecteur, on y trouve cité *les Lecons de*

Ténèbres, qui ne nous sont pas parvenues et dont on ignore même le sujet.

Nous donnons ci-contre, sous le titre original de ce libelle, les diverses critiques qu'il renferme et qui sont aussi d'auteurs anonymes.

———

ADVIS CHARITABLES

svr les diverses œvvres et fevilles volantes dv sievr Girard Desargues Lyonois,

publiées sous les titres :

I. DE BROUILLLON PROIET D'VNE ATTEINTE AUX EUENEMENTS DES RENCONTRES DU CONE AUEC UN PLAN : ET DES CONTRARIETEZ D'ENTRE LES ACTIONS DES PUISSANCES OU FORCES.

II. DE BROUILLON PROIET D'EXEMPLE D'VNE MANIERE VNIUERSELLE TOUCHANT LA PRATIQUE DU TRAICT A PREUUES, POUR LA COUPPE DES PIERRES EN L'ARCHITECTURE.

III. D'UNE MANIERE DE TRACER TOUS QUADRANS D'HEURES ÉGALES AU SOLEIL AU MOYEN DU STYLE POSÉ : ET D'VNE MANIERE VNIUERSELLE DE POSER LE STYLE, ET TRACER LES LIGNES D'VN QUADRAN, ETC.

MIS AU JOUR :

Pour satisfaire au desir qu'il en a témoigné publiquement, auec quelque sorte de deffy, es dernieres lignes du susdit Broüillon Proiet de la pratique du trait à preuues de la couppe des pierres, es deux Placards affichez au mois de ianvier dernier en plusieurs endroits de la ville de Paris commencant par les mots, *d'erreurs incroyables*, et de *fautes et faussetez énormes*, et au recueil intitulé : *Six erreurs, folio 2.*

D'ou l'on pourra iuger *de la verité, vniuersalité, facilité, et brieueté de ses inuentions*, et recognoistre facilement si elles sont appuyées sur des fondements et remarques, dont il ne paroisse qu'aucun autre ait eu la pensée que luy.

A PARIS,

Chez Melchior TAVERNIER, en l'isle du Palais et Francois l'ANGLOIS, dit CHARTRES, rue St.-Iacques,

M.DC.XLII.

(1)   ## AV LECTEVR.

Il y a grand sujet d'estre content, quand l'on
peut en mesme temps donner de la satisfaction au
public, et faire plaisir aux particuliers, puisque
ce n'est pas chose si aysée, à moins que d'auoir à
faire à vne personne très-raisonnable et pleine de
considération, iusques au point de n'auoir passion
que pour la recherche de la vérité, et l'aduancement des arts et sciences, comme est le sieur Girard DESARGUES. On pourroit douter si l'effet de
charité dont ce recueil porte le titre, seroit reçeu
sans amertume, et si l'amour que chacun porte à
ses ouurages, ne luy feroit pas trouuer vne lai-
deur insupportable en ceux dont les sentiments
sont contraires aux siens. Il a publié si hautement
par ses ecrits et par ses affiches et asseuré si réso-
lument en ses discours familiers, qu'il auroit de
l'obligation à la courtoisie de ceux qui auant le
nettoyement de ses Broüillons de couppes de cone, de
pierres et autres matières, les honoreroient de leurs
corrections, qu'il n'y a pas d'apparence de croire
qu'il ne sache bon gré à celuy qui a mis au jour
suiuant son desir, ce recueil de différentes pièces

et obseruations faites sur ses œuures par différents autheurs, et en diuers temps, dont sa curiosité particulière l'auoit rendu dépositaire. Puisque c'est sans intérest es différents qui sont à démesler auec ceux qui ont esté attaquez assez puissants pour se deffendre. Ces escrits ne sortent pas au jour pour desroger à ses bonnes qualitez, mais par la seule considération de l'obliger en son particulier, et faire chose agréable au public, faisant recognoistre iusques à quoy s'estend *la vérité, vniuersalité, possibilité, facilité, brièueté de ses inuentions ; et si, d'auenture, elles sont appuyées sur des fondements et remarques dont il ne paroisse qu'aucun autre ait eu la pensée que luy.* D'où l'on pourra iuger si le plus grand bruit fait le plus grand effet et si pour priser beaucoup ce que l'on met en auant, si pour s'en attribuer l'inuention priuatiuement à tout autre, l'on est exempt de mescompte et de concurrence causée, ou par la lecture ou par quelque autre sorte de communication. Venez donc, lisez et iugez, mais n'y venez pas *sans regle et compas, sans esquierre et sans plomb,* ou plustot venez-y sans aucune de toutes ces choses. Ie veux dire en vn mot, que pour bien iuger ce dont il est icy question ; il ne faut donc pas laisser d'estre rompu

dans la théorie et pratique des matières qu'elles
contiennent, pour ce que ces discours ont esté
dressez pour des personnes fort intelligentes et qui
n'auoient pas besoin qu'on leur enseignast les principes. Ceux qui par aduenture n'y pourront pas
atteindre, pourront faire en cela ce que les plus
honestes gens font en matière de procès, ou de
cas de conscience, c'est d'en consulter ceux qu'ils
croient capables et *affranchis de préoccupation*,
après les auoir suppliez de bien examiner ces pièces, et de conclurre par après ou pour celuy qui
s'est adiugé à lui-mesme la prérogative et la prée-
minence sur tous les autres, ou pour ceux qui n'ont
pas voulu luy laisser prendre cest aduantage sur sa
simple parole, et si le sieur DESARGUES a raison
de promettre plus qu'il ne tient et le public a droit
de se plaindre d'estre lezé d'outre moitié de iuste
prix au debit de ses denrées. Ie ne feray pas icy vn
inuentaire des productions qui composent cest
ouurage, et n'obserueray ny le temps ny les matieres, laissant à la disposition du libraire de mettre
sous la presse ce qu'il trouuera plus commode et
dont les figures seront plustost faites, puis qu'aussi
bien pour le nettoyement des *Brouillon et Lecons
de ténèbres*, il n'est pas besoin d'vn balay si bien

lié, ny de tant d'ordre et de lumieres. L on peut croire apres auoir veu la Genese des inuentions du S. D. A. et les remarques sur icelles, auec les obseruations sur son ciel et quadrans, que l'on dira pour la terre, ou couppe des pierres et pour les- dites *Lecons de tenebres et Brouïllons.*

Terra avtem erat inanis et vacva et tenebræ erant svper faciem abyssi.

---

(2) EXTRAICT D'VNE LETTRE DE M. R.

Touchant les erreurs prétendus dans le liure de la

PERSPECTIVE PRACTIQVE.

Qvand à la perspectiue practique, etc., ne faites point de difficulté de l'acheter et de l'enuoyer à M. L. C'est son fait, le liure est bon et propre pour instruire dans la quantité de figures qu'il a, et sans controuerse il est le meilleur de tous, pour ceux qui ayment la practique ; et ne me dites plus que le sieur Desargues prétend qu'il y a des fautes, et que vous voulez attendre qu'elles soient corrigées. Ce ne sont que palabres ordinaires audit sieur, que l'interest fait parler de la sorte, il voudroit que ce liure fut descrié pour faire place à celuy qu'il promet, n'attendez plus, et ie vous dis encore vn coup, enuoyez le à M. L. c'est ce qu'il luy faut, et ne craignez point ces fautes prétenduës. J'ai veu ce que ledit sieur D reprend, et le liure qu'il a fait là dessus plus grand que tous ses autres ouurages, et ie vous asseure que tout cela n'est rien. Ie vous connois : vous me demanderés quelque esclaircissement, et que ie vous mande au moins mon sentiment touchant lesdites fautes. Vous auez bien peur de hazarder vne pistolle. Enuoyez, vous dis-je ledit liure à M. L. et ie vous bailleray le contentement que vous attendez.

(3). EXTRAIT VNE AVTRE LETTRE.

N'auois-je pas bien dit, que vous craignez de hazarder vne pistolle. Bien, puis qu'il ne faut que vous satisfaire touchant les erreurs prétendus, escoutez-moi, et mettez la main à la bourse, et enuoyez au plustost le liure à M. L. qui s'impatiente, et vous diray-je que le délay dont vous vous seruez, lui fait souhaiter ce liure auec passion, ce qui arriuera à plusieurs autres. Ie responds d'ordre.

Il est vray que la cage a esté mal coppiée, et qu'on y a pris un point pour un autre. Mais quoy le discours bien entendu, et particulierement si on y adiouste quelque chose (comme le sieur Desargues parle de ses practiques touchant les horologes, couppe des pierres, etc., qu'il dit estre pour tout faire pourueu qu'on y adiouste) repare tout et empeche qu'on ne manque.

Quand à la touche du fort et du foible qu'il pretend auoir esté oubliée ou mesprisée, i'auois creu iusqu'à present que c'estoit pour rire, qu'il formoit cette plainte tant cela me sembloit hors de propos. Et de vray qui enseigne la practique du trait, n'enseigne pas encore la peinture, ou la perfection du dessein. Il faut premierement trouuer les points et les lignes d'importance, ce que fait le liure de la Pespectiue Practique; puis trauailler la dessus, et agreer l'ouurage hurtant fort ou legerement, et baillant les ombrages selon qu'il en est de besoin, et pour ladite touche ie n'ay point encore veu d'autre maistre que le iugement naturel, n'y ayant petit apprentif qui ne la practique

suffisamment, et quand ie vois que le sieur D. se
plaint, il me semble ou qu'il rit ou qu'il a tort,
aduoüant que personne n'a escrit de cette matiere,
et luy mesme n'en ayant baillé aucun precepte, si
ce n'est peut-estre qu'il a mis dans la Stampe des
lignes plus ou moins touchées, comme a fait deuant luy l'incomparable Viator et tous les autres,
et le liure de la Perspectiue Practique en plus de
cinquante quatre endroits de compte fait. Que si
en cela il prétend auoir inuenté quelque chose
de nouueau, ie ne luy en dois pas plus, que si pour
auoir bien arondi une R, dans une de ses lettres,
et pour lui auoir fait une queuë bien tournée et
adoucie, il prétendoit estre autheur d'vne façon
nouuelle et admirable de faire une R.

Quand à ce qu'il pretend estre autheur de la
maniere vniuerselle, etc. Ie vous diray franchement que cela peut-estre, etc., qu'il a assez d'esprit,
et d'inuention pour le faire ; et ie crois qu'il ne la
pris d'un tiers ; neantmoins ie connois personne
qui l'a enseignée il y a plus de 16 ans, du moins
quand à la principale partie, et si elle ne l'auoit
aprise de M. Aleaume, n'y du sieur Vaulezard,
qui y ont de iustes pretentions. Les bons esprits se
rencontrent par fois, et ceux qui n'ont pas la lec-

ture des bons liures, et d'autre part sont inuentifs,
sont suiets à croire qu'ils sont autheurs de choses
anciennes, et de se vanter mal à propos.

Ie viens aux ombres que le sieur D. reprend mal
à propos, il a deu distinguer dans la page 132, ce
qui concerne l'ombre dans le réel, ou le Plan Géometral, ou elles sont paralleles effectiuement, et ce
qu'il faut faire dans le Plan Perspectif, dans lequel
lesdites ombres sont terminées par lignes paralleles en representation. Dans la page 134, touchant
l'ombre des pyramides, etc., il n'y a point de faute,
ie vous dis point, et au plus que le sieur D. puisse
reprendre, c'est que les preceptes et exemples n'y
sont pas assés clairs, (ce qui a fait adiouster à
l'Imprimeur quelques mots, de quoy il se fut bien
passé) mais quoy si cela est vne faute intolerable
et honteuse à la France, que dira-il de ses ouurages, qu'il appelle luy mesme *des leçons de tenebres*, tant tout y est obscur. Pour la page 124 et
semblables, concernant les diminutions des Figures, etc., le sieur Desargues à deu voir, ce qui est
en la page 126, tout au bout ou l'Autheur parle de
la sorte. *I'ay mis encore les Practiques suiuantes,
quoy qu'elles ne soient pas selon cest Art,* et de vray
en bonne Perspectiue il n'y a point de diminution ;

mais à ce que i'entends l'Autheur a pensé qu'en
cet endroit comme en d'autres, l'Art pouuoit perfectionner la nature, et m'a-on dit de bônne part
qu'il a apris du sieur Callot lesdites Practiques,
qui dans les occasions peuuent bailler de l'aggree-
ment à l'ouurage, comme vous pourrez voir dans
diuerses stampes dudit sieur Callot, ou elles sont
executées heureusement, et l'Autheur de la Perspective Practique, a fort bien remarqué par ad-
uance page 124, que lesdites Practiques n'ont
point de lieu, que sur les objets beaucoup esleuez
et beaucoup esloignez.

Reste la derniere faute pretenduë touchant les
colonnes qui ne merite pas de responce, n'estant
qu'vne pointille et bailler autre precepte que celuy
de la page 87, qui est l'ordinaire, et qui a eu cours
iusqu'à maintenant, c'est esteindre sa chandelle
pour mieux voir, il est suffisant, facile et expeditif,
et qui voudroit faire un Cylindre esleué dans les
precisions de la Perspectiue speculatiue, il faudroit
un an entier pour une seule piece, et si l'œil n'en
seroit pas plus satisfait, il est neantmoins le Iuge,
et qui a trouué le moyen de le contenter, n'a que
faire pour la Practique des embarras de la speculatiue.

Ainsi ne vous mettez plus en peine de toutes ces
fautes, et ne m'en parlez plus, etc.

Depuis la presente signée et dattée i'entends
qu'on prepare quelque chose pour respondre au
sieur Desargues, et me fait-on entendre qu'il trouuera a qui parler qu'on monstre des defauts estran-
ges dans sa coupe de pierre et ses autres proiets
broüillons, et que pour vne Practique de la Perspectiue qu'il vante tant, on luy en rend 6 ou 7 et
m'adiouste-on qu'il aura suiet de tenir sa parole et
de remercier par escrit public ceux qui luy montrent ses fautes. Il est vray que ceux-là ne se nom-
mans point il aura quelque excuse, ne se tenant
obligé de remercier vne personne qu'il ne connoit
pas.

On me dit aussi qu'on met en teste vne espece
de responce au nom de l'Autheur, comme s'il res-
pondoit en personne au sieur Desargues, ie dis en
son nom : car celuy qui a veu la dite responce, et
m'en vient de faire le rapport, ne croit pas que ce
soit l'Autheur, qui quoy qu'il puisse parler veritablement comme on le fait parler, à plus d'enuie
de seruir le sieur Desargues que de l'attaquer. Ie
suis de son aduis et la connoissance que i'ai de sa

modestie auec ce que i'entends, fait que ie iure-
rois bien que, s'il a fait la responce, ses amis y
auront adiousté, non ce qu'il a voulu, mais ce qu'il
a peu dire a bon droit ; veu particulierement que
quantité de personnes de sçauoir de toute sorte de
condition , estonnées d'vn si nouueau procedé luy
ont fait offre de leur plume ; dequoy ayant esté
remerciées, cest merueille, si elles n'ont du moins
mis ou changé quelques mots en faueur de la ius-
tice, ce que i'eusse fait volontiers si ladite responce
m'eut esté communiquée, aussi bien que MM. M.
et R. ie l'attends et tout ce qui la doit suiure et ne
manqueray pas de vous l'enuoyer par l'ordinaire.
Excusez si ie remplis toutes nos marges, et escrits
sur le dos de la presente, elle vous en sera d'autant plus aggréable, et sur tout souuenez vous de
M. L. de peur que la patience ne luy eschappe. Ie
suis, etc.

(4)   RESPONSE A VN AMI.

Contenant vn examen d'vn broüillon proiect,
donné au public depuis quelques années en çà par
le sieur DESARGUES, sur le fait particulierement

d'vn exemple qu'il propose d'vne maniere vniuerselle touchant la pratique du trait à preuue, pour
la coupe des pierres en l'Architecture.

Monsievr,

Vous sçauez comme les moindres demonstrations de vos volontez tiennent lieu en mon endroict
de commandements. C'est pourquoy si tost que ces
iours passez vos lettres me furent renduës, ie reuis
le broüillon proiect du sieur Desargues qu'autrefois
i'auois parcouru, et rebuté comme vn ouurage de
peu de consideration, qui ne contenoit rien que
de leger, en ce particulierement que son autheur
veut estre de son creu, et qu'il a inuenté par les
efforts, à ce qu'il dit, de sa seule imagination, autant broüillée en soy, comme iespere vous le faire
voir cy-apres que le sont les productions qu'il
donne au public soubs le tiltre meprisable de ce
broüillon proiect.

Et bien que cet écrit contienne trois inuentions que l'Autheur s'attribuë, ie ne pretends
neantmoins parler de la premiere qui traite d'vn
poinct de perspectiue, ny de la derniere qui con-

tient la façon de tracer quelques Quadrans solaires,
que briêuement, et comme en passant, esperant
que des plumes plus sçauantes que la mienne tra-
uailleront là dessus, et donneront au public le
iugement qu'ils en feront, s'ils le veulent obliger.
Mon dessein principalement estant pour le present
de faire vne telle quelle anatomie (sauf le plus
pour l'aduenir s'il en est de besoin) de la maniere
vniuerselle qu'il produit, touchant la pratique du
traict, etc. Aussi est–ce à quoy il s'arreste dauantage, et qu'il dilate plus amplement en son escrit.

Examen leger de la pratique de perspectiue du sieur Desargues.

Or auant tout, et pour ce qui concerne ce
broüillon proiect en general, ie dis que l'Autheur
y a fait paroistre vn procedé, qu'il ne peut exemp-
ter de blasme, en ce qu'aduoüant que ce sien
escrit n'est q'vn veritable broüillon, il se donne
neantmoins la liberté de l'adresser aux sçauants
et contemplatifs, les inuitant à l'honorer, c'est
ainsi qu'il parle, de leur examen ; c'est à dire, à
le nettoyer, comme portent ses termes, auec luy:
Ce qui ne peut estre sans vn mépris formel de leur

qualité, traictânt ainsi faisant auec eux, comme
s'ils étoient à ses gages, pour débroüiller ses
ouurages, et les purger des impuretez qu'il y a
laissé.

Cela estant dit en passant, ie soustiens pour venir au poinct, que c'est chose intolerable de voir
vn homme faire tant de bruit, et rechercher si aui-
demment par des placards et passeuolans si pleins
de vanteries, la loüange des hommes, pour des
inuentions si minces, en ce qu'elles tirent de son
creu, et par effect si peu considerables : que quand
on les a épluché de prés, on y rencontre bien
grand nombre de palabres ; mais au fond si peu de
chose, que personne, autre que luy, n'oseroit sans
rougir quand bien il en seroit l'inuenteur, leur
donner rang, parmy tant de riches et subtiles
productions, que ceux qui ont par cy-deuant traité
de ces matieres, ont transmis à la posterité, auec
l'approbation generale de toutes les nations de la
terre habitable, parmy lesquelles les sciences sont
en estime. Et cependant vous diriez, à entendre
notre nouueau docteur, qu'il encherit par dessus
tous ses deuanciers, et qu'il parseme tous les arts
de pierres precieuses, si rares et si exquises, que
tout le reste qui s'y rencontre, n'emporte, à leur

egard, autre estime que de cailloux sombres, raboteux, et mal polis. Il ne faut que lire ce qu'il en
a escrit en diuers temps et reprises, tant en son
broüillon proiect que nous examinons, qu'en plusieurs autres affiches, dont il a souuent placardé
les carrefours de Paris, pour acquiescer à ma proposition, et confesser que ie dis la verité. Voyez
de grace combien de discours rudes et farcis de
plusieurs façons de parler barbares, qui ternissent
l'éclat et les richesses de nostre langue, il emploie
en la premiere partie de ce broüillon proiect, pour
se donner de la vogue, et pour faire croire qu'il a
inuenté vne eschelle de perspectiue dans cet art,
comme dans le mesme, et en tous les autres qui se
seruent du dessein, il y en a vne geometrale? Mais
considerez aussi que s'il a gagné par ses palabres
quelque chose sur les esprits foibles, et peu versez
aux sciences, il n'a rien profité pour cela à l'endroit des sçauants, qui se mocquent des adresses
dont il veut se preualoir pour se donner de la
gloire, et faire qu'on le considere comme vn maistre consommé en cet art, qui paroist enfin au
monde pour luy faire voir et découurir ce que iusques à present il auoit ignoré. Et en effect, si i'a-
uois tiré de la boutique d'vn riche marchand, ou

d'vn cabinet de quelque personne curieuse, et de
condition, quelque belle piece pour l'étaller, et la
mettre au iour ; oserois-ie pour cela m'en dire
l'inuenteur ? C'est cela mesme neantmoins qu'ose
faire le sieur Desargues en son broüillon. Car tirant hors du plan perspectif ordinaire, trois ou
quatre, ou plus si vous voulez, des sections radiales qui y aboutissent au poinct principal, et s'y
voyent partagées inégalement en leur longueur par
des transuersales, ou paralleles à la base du ta-
bleaü, que ces radiales coupent reciproquement,
également en chaque rang d'icelles, mais d'ailleurs
en plus grandes ou en moindres parties, selon
qu'elles s'approchent plus ou moins du poinct
principal ; il les met à l'écart, et hors du tableau
pour s'en seruir d'échelle, et rencontrer par le
moyen d'icelle les diminutions, tant des renfonce-
mens, que des hauteurs et largeurs des obiects : Et
puis il va clabaudant par tout qu'il en est l'inuenteur, et qu'il a fait en cela ce à quoy personne
n'auoit pensé auant luy ; mais ie vous prie, auec
combien peu de raison, puisque tous ceux qui ont
écrit par cy-deuant de la perspectiue, ont donné la
façon de disposer de la sorte ces radiales, et de s'en
seruir pour trouuer les mesmes diminutions et ra-

courcissemens que dessus? Ces entreprises ne s'arrestent pas là, il veut que ses contemporains, aussi
bien que ceux qui l'ont deuancé, contribuënt à sa
gloire, quoy qu'au dépens de la leur. *Et bien que
ces deux figures, dit–il, en la premiere page de son
broüillon peu apres le milieu d'icelle, suffisent à
ceux qui ont de la disposition à apprendre la perspectiue, rien n'empesche neantmoins que si l'on
met ce broüillon au net, auec vn nombre d'autres
exemples en d'autres stampes, on n'en particularise
d'autres circonstances plus au long par le menu.
Ensemble de celles des ombres, et des ombrages qui
se font en campagne, à la lumiere du soleil, dont la
perspectiue se fait d'vne maniere autrement aisée,
que celle d'vne figure, que M. Poussin, tres-excellent peintre françois, a enuoyé cette année de Rome
à Paris, etc.* Et plus bas : *C'este maniere icy de practiquer la perspectiue à pour ses ombrages vne regle
vniuerselle que les ouuriers peuuent entendre et
practiquer auec plus d'auance en vn iour qu'en quinze
à la façon de ceste figure enuoyée de Rome, etc.* C'est
chose estrange, que toutes les pensées de cet homme
soient ainsi vniuerselles et propres à tout à son dire:
Il a parlé de la façon de faire quelques lignes pour
diminuer les obiects dans le plan perspectif ; puis

aussi-tost, et sans rien plus, il veut que sa practique
soit vne resgle vniuerselle pour y appliquer les ombres, voire comme il l'enseigne en la suitte de son
discours ; *pour donner cognoissance, non de la nature et meslange des couleurs, mais bien generalement de tout ce à quoy tous les peintres, sculpteurs,
et semblables essayent de paruenir, a force de practiquer en tastonnant ce qu'ils appellent estudier, et
de ce qui en l'ouurage fait auancer, reculer, aron-
dir, applanir, hausser, baisser, alonger, accourcir,
grossir, diminuer, agrandir, aptisser, reposer, agir,
respirer, viure, veiller, dormir, et autres semblables,
tant en l'illuminé qu'en l'ombre : et enfin pour fournir la raison de ce qui fait paroistre l'ouurage frais,
murtry, fort, foible, sec, tendre, gras, maigre,
dur, mol, et semblables, etc.* Cette tirade admirable et ces promesses tant rares et specieuses ne seroient elles pas capables de faire effect en ceux qui
les entendent, si la raison ne nous enseignoit que
ces choses, pour la plus-part, estant si differentes,
et souuent si independentes les vnes des autres, il
n'est pas possible quelles n'exigent pareillement
des preceptes et des practiques differentes en leur
execution ? Ie m'en rapporte à ceux qui sont en
l'exercice de sa peinture, voir Desargues mesme

pour ce coup, puis que se contredisant soy-mesme,
et voulant *que le meslange des couleurs n'entre
point dans son induction*, il veut par consequent
que la practique ne puisse seruir contre ce qu'il a
dit, au contraire, à faire paroistre les ouurages
des peintres, *frais, murtris, secs, tendres, durs,
mols, etc*, puisque tout cela ne se peut executer
que par ceux qui sçauent et qui sont parfaictement
stilés au meslange des couleurs.

Cela s'estant dit comme en passant, et pour
commencer à faire cognoistre comme le sieur Desargues promet incomparablement plus qu'il ne
fait : ie reprens mes brisées, et monstre comme
pour s'acquerir de la reputation, il met au rabais
les personnes de sçauoir et de merite, non seulement celles qui l'ont precedé, comme il a esté dit
cy-dessus, mais aussi celles qui viuent de present,
et font esclat dans les villes les plus nobles de
l'Europe. Voyons-en les preuues.

Il donne, comme vous auez veu, et ce auec
raison, a M. Poussin le titre de tres-excellent peintre : Mais à quel dessein? non autre sans doute,
que pour se releuer dauantage, en le mettant si bas
audessous de soy, qu'il ose bien dire que par son
broüillon proiect il nous donnera en vn iour

plus de cognoissance des choses concernant la
peinture, en ce particulierement qui concerne les
ombres; que ledit sieur Poussin en quinze iours par
la figure qu'il en traça, il y a quelques années estant
encor à Rome, et qu'il enuoya en France pour en
faire part à sa patrie. En vser de la sorte, n'est-ce
pas dire hautement, si ie puis cela, et si ie terrasse
de la sorte ce braue atlete à l'ayde d'vn broüillon
proiect, que feray-ie quand ie l'auray mis au net?
Dites moy de grace, monsieur, ces vanteries sont
elles supportables en vn homme particulierement
qui n'a iamais pratiqué la peinture? Passons outre.
Tout Paris sçait comme il va publiant partout, que
tous les peintres qui y paroissent, et desquels
cette grande ville admire les ouurages, n'entendent
rien en leur mestier : et que M. de La Hyre
qui tient rang parmy ceux qu'on tient pour les
meilleurs, confesse franchement, qu'auant qu'il
se fut rendu son disciple, et qu'il eut receu
de ses mains les clefs des secrets de son art, il n'y
entendoit que fort peu, ou rien du tout. Cela
m'ayant esté asseuré pour veritable de plusieurs
personnes d'honneur, à qui le sieur Desargues à
tenu ces discours, ie l'ay creu, et ce de plus, d'autant plus facilement, que i'apperçois que ce iargon

est fort conforme a son humeur, et a ces escrits
particulierement a ce broüillon proiect que i'examine : non sans rester neantmoins dans l'estonnement, de · voir d'vne part la hardiesse de cet
homme, et de l'autre la patience et modestie du
sieur Poussin et de La Hyre, et de tant d'autres
pinceaux excellents qui paroissent dans Paris, qui
souffrent qu'on les rabaisse de la sorte, et qu'vn
homme qui n'a iamais pratiqué dans leur art, s'y
veuille rendre leur maistre, et les ose faire passer
dans les meilleures compagnies pour des ignorants. C'est a eux de faire reflexion la-dessus, et a
moy de passer outre a mon examen. Iaurois beaucoup a dire sur son transport du point de distance dans le tableau : mais comme i'espere qu'on
trauaillera la-dessus, i'ayme mieux m'en taire, que
d'auancer quelque chose qui soit inferieur, et au
dessous de ce qu'on en pourra dire à l'aduenir.

Examen leger de la pratique de faire des quadrans
du sieur Desargues.

Vn mot, s'il vous plaist, Monsieur, de la gloire
qu'il pretend auoir acquis ; en l'inuention qu'il a
donné dans son broüillon, de tracer au moyen du

style placé, tous quadrans plats d'heures au Soleil.
Et auant tout ie veux supposer auec luy, sans
preiudice toutesfois de la verité contraire, que sa
pratique soit telle qu'il l'a vanté, vniuerselle exempte
de la subiection des instruments extraordinaires, facile, et expeditiue au poinct qu'il la dit estre, choses
neantmoins que ie sçay qu'on luy peut contester
auec fortes et viues raisons : Ce nonobstant ie dis,
que bien que cela se trouua veritable, l'effect d'vn
quadran de la nature qu'il le propose, auec les heures égales seulement, sans les Italiques Babiloni-
ques ou antiques, et sans aucun arc des iours ou
des signes, ny telles autres curiosités, dont on peut
enrichir et orner les quadrans solaires, est si peu
de chose, comme estant quasi la moindre de cette
science, et par ou commencent ordinairement les
apprentifs, que ie ne puis conceuoir comme vn
homme bien sensé, puisse vouloir en tirer de la
gloire, apres tant d'excellentes et subtiles inuentions, desquelles plusieurs signalés personnages, et
tres-sçauans Mathematiciens ont fait et rempli auec
honneur plusieurs grands Volumes.

Beaucoup moins puis-ie satisfaire à mon esprit ;
lors que ie le sens choqué par le trop de credulité
de ceux, qui pour le grand desir qu'ils ont de des-

couurir quelque chose de nouueau dans les arts,
courent auec vne legereté indigne d'vn iugement
solide apres ceux qui leur en promettent, sans
examiner meurement si leurs propositions sont de
bonne trempe, et bien fondées, se mettant en dan-
ger en se faisant de se voir blasmés des gens d'honneur, et faire la risée de ceux-là mesmes, qui les
embaboüinent par leurs discours, lesquels se moc-
queront sans doute d'eux, et de leur simplicité,
lors qu'ils seront paruenus au poinct de leur interest, qui est l'vnique but ou ils visoient lors qu'il
leur donnoient de si belles paroles et qu'ils les
portoient à de si hautes esperances. C'est ce blasme
sans doute qui tombera enfin sur ceux qui ont par
trop legerement applaudy par cy-deuant, à la methode vniuerselle de faire des quadrans, et aux autres qui se lisent dans le broüillon proiect du sieur
Desargues, s'ils ne se resolüent de considerer à
l'aduenir plus attentiuement le fond de sa doctrine, se la representant a nud et desgagée des
nuages obscurs d'vn discours embrotüillé, dont il
l'enuelope. Ce que faisant, outre le bien qu'il leur
en reuiendra, de se tirer d'vn destroit si embarassé, ie m'assure qu'ils conclüeront auec moy que
des choses si triuiales, comme sont celles qu'elle

contient ne méritent pas que des esprits capables
des secrets des sciences s'y arrestent. C'est pour
cela mesme que i'en abandonne icy le discours
pour passer à sa maniere vniuerselle du traict des
voultes, ou peut-estre il se trouuera quelque chose
de plus solide au fond, mais non de telle consideration, que pour cela elle puisse legitimement estro
tenuë pour égale, beaucoup moins la pourra-t'on
preferer à celles, dont les Architectes et les mais-
tros Massons so sont soruy par cy deuant.

Examen de la pratique du traict des voultes du sieur Desargues.

Ie dis donc premierement qu'il est faux que
ceste maniere du traict pour la coupe des pierres
en l'Architecture soit vniuerselle, comme porte le
titre du broüillon proiect du sieur Desargues. Pour
preuue de mon dire, i'apporte auant tout la contradiction de l'Autheur quant à ce poinct, laquelle
se tire du contenu, tant de l'appendix que du reste
de son broüillon. Voicy comment il parle en l'appendix : *Ces mesmes excellens hommes aux sciences, peuuent encor mieux iuger que personne autre,
si pour la pratique de ces arts,* (sçauoir de la
perspectiue, de la gnomonique, de la coupe des

pierres en l'Architecture, et des autres cottes en ce broüillon). *Il vaut mieux auoir autant de reigles ou leçons, toutes esgalement difficiles, qu'il y a de cas diuers en chacun, que de n'en auoir, comme icy, qu'vne seule en chacun, vniuerselle et generale pour tous ces cas, aussi facile qu'aucune des autres,* etc. Et en la troisiesme page apres y auoir comme és deux precedentes importunement loüé son inuention, pour la coupe des pierres, il termine le dispour l'intelligence et la pratique de sa doctrine, auec ces paroles, autant vaines que faulses. *Bref elle meine,* dit-il, *à la cognoissance de tout ce qui est humainement faisable auec le traict.* Ne voila pas, Monsieur, un puissant appas pour attraper les esprits simples et ignorans, qui ne sçachant pas combien roide est la montaigne où logent les sciences, et combien les chemins qui y conduisent sont estroits et raboteux, pour ne les auoir iamais fréquenté, desireux neantmoins qu'ils sont de les acquerir sans trauail, courent sans consideration apres ceux qui leur donnent esperance de les leur faire rencontrer dans des encyclopedies si reserrées qu'ils les pourront parcourrir, et posseder le contenu d'icelles dans vn iour ou deux, et en ob-

tenir la science et la perfection en peu d'heures :
le tout neantmoins à leur grande confusion, lors
qu'ils se voyent apres leur essay, autant à peu-pres
incapables et ignorants comme deuant.

Mais venons au poinct, et voyons comme le sieur
Desargues voulant se mettre à couuert contre les
attaques qu'il preuoyoit assés qu'on luy feroit en
ceste matiere, se contredit manifestement, et sans
y penser, par les restrictions qu'il apporte à ce
qu'il a si hardiment auancé pour l'vniuersalité de
son traict. Voicy comme il en parle, en la page
premiere vers la fin. *La figure, dit-il, de cette maniere de traict ; est d'vne porte en la face platte d'vn
mur à talus pour vne descente biaise ayant l'arc
rempant, où tous les ioincts sont en ligne droicte.* Et
en la page 3, vn peu deuant le milieu, il ratifie
ces mesmes restrictions, disant, *qu'auec cette simple et seule preparation en cette maniere de traict ;
on trouue generalement toutes especes de paneaux en
toutes especes douuertures, ou les ioincts sont en
ligne droicte*, etc.

Auparauant il a dit que sa maniere estoit tellement vniuerselle pour toutes sortes de traicts,
qu'elle s'estendoit à tous les cas qui se peuuent
rencontrer en cet art, voir à tout ce qui est hu-

mainement faisable par le traict : Et maintenant il
luy donne des bornes si estroites, qu'à peine suiuant ses limitations arriue-t'elle à la dixiesme partie des cas qui s'y rencontrent. Et en effect, toutes
les portes et descentes en tour ronde, ou en surface courbées, soit que leur curuité soit reguliere
ou irreguliere, ou bien mixte. Item, toutes celles
qui rachetent vn berceau droit ou biaisant, ou
quelque autre voulte d'entre les spheriques qui sont
de plusieurs sortes et façons, sont excluës de sa
methode par ces mots, *ou les ioincts sont en ligne
droicte.* Et par ces autres. *Ceste maniere de traict est
d'vne porte en face plate :* Et d'ailleurs les coussi-
nets en sa pratique se trouuans de niueau, elle ne
peut pour ceste mesme seconde raison s'estendre
aux mesmes portes et descentes, lors qu'elles se font
en tour ronde et auec biais. Il ne peut non plus
par sa methode arriuer aux traicts tant des lar-
miers que des lunettes, et des arriere-voulsures,
lors que ces sortes de voultes se font bombées, ou
quelles partent ou aboutissent à des superficies
conuexes, ou concaues : et ce pour les mesmes raisons que dessus. Il faut en outre qu'il confesse;
qu'en la plus-part des trompes, particulierement
en celles qui se font rondes ou creuses par deuant,

comme aussi en celles qui se font bombées, ou en
niche, soit en tour ronde, soit autrement, la mul-
titude desquelles est presque sans bornes, son inuention se trouue courte et defectueuse. Le mesme
faut-il qu'il aduoüe en la plus part des maitresses
voultes de four, et de celles qui se forment en pen-
dentif ou en arc de cloistre ; soit que leur creux
soit parfaictement spherique, soit qu'il se trouue sur
baissé ou surmonté, ainsi que la beauté de l'ouurage ou les contraintes des lieux ou on les bastit
l'exigent.

Bref ie voudrois bien le voir s'escrimer, auec ses
essieux sous-essieux contre-essieux et trauersieux,
où il s'agit de voulter les escaliers soutenus mas-
siuement, ou suspendus vers leur eschif et noyau,
notamment lors qu'il conuient y employer les voultes creuses et bombés, et celles qui se font en co-
quille et en limasson. Ie m'asseure qu'il rendroit
bien-tost les armes, et se trouuerait contraint d'a-
uoüer, que son traict vniuersel n'est pas pour cela,
non plus que pour tous les cas que nous venons
d'alleguer, qui font presque le total de la science
de la coupe des voultes, et qu'il n'a de l'vniuersalité, si toutesfois il en a, que pour la moindre partie d'icelle, ne s'estendant qu'aux portes et descen-

tes, comme il le confesse luy-mesme, qui sont en face droicte et qui ont les ioincts en ligne droicte, et non autrement.

Dites-moy de grace, que peut on dire contradiction, si cela ne l'est? Et en bonne foy, en vser de la sorte n'est-ce pas se mocquer du monde, et ietter de la poussiere aux yeux des simples, et vouloir regner parmy les ignorans, comme vn borgne feroit entre les aueugles. Mais, me dira-t'il, vous ne dites pas tout ce que i'allegue dans mon broüillon, ou vers le milieu de la page 3, i'aduertis expressement le lecteur, que ma *maniere meine à la congnaissance du traict, pour faire que tous les membres des ornemens d'Architecture aux degrez regnent en tous les endroicts, chacun suiuant les arcs, rampes, et niueaux qu'il y a de fond, à cime sans aucune interruption ny faulse rencontre, et pour trouuer les paneaux de toutes ouuertures en quelque surface courbée.* Et en la page premiere sur la fin, ie dis le mesme en ces termes : *Ceste maniere de traict bien entenduë, ameine à l'intelligence des traicts pour toutes ouuertures en mur, à surfaces courbées, etc.*

Ie vois bien ou vous visés, Monsieur Desargues, vous auez conduit vn escalier dans la maison d'vn particulier à Paris, ou par le retranchement de quelques marches vers les angles des noyaux, de la place desquelles vous aggrandissés les palliers, en quoy gist tout vostre secret, qui pour cela n'est guere secret, vous exemptés la rampe des ornements, tant des plintes que des appuis, des interruptions, et faulses rencontres qui se voyent assés communement en tels ouurages, et qui ne s'y peuuent éuiter qu'aux dépens de la place des marches, ce que le lieu et la hauteur des estages ne permettent pas touiours. Et pour cela vous voulés qu'on vous croye l'incomparable, et qu'on mette au haut de ceste vostre vnique production, vne lame de cuiure, qui porte graué que c'est vous qui en estes le createur. c'est ainsi que vous en auez parlé à vne personne d'honneur de ma connoissance, de qui ie le sçay; qu'est-ce cela, ie vous prie, sinon faire pour vne vetille, autant, ou plus de bruit, qu'en pourroit faire la poulle, la plus babillarde et importune de la France pour auoir fait vn œuf.

Mais venons au serieux : en bonne foy, de quoy peuuent seruir à faire et conduire de la sorte comme vous dites ces ornemens d'architecture, en ce degré, tous vos essieux, sous-essieux, contre-

essieux, et trauer-essieux ? et quel aduantage peut-
on tirer en ces ouurages, de tant de plans, dont
vous embroüillez l'imagination des ouuriers : plan
droit à l'essieu, plan de chemin, plan de route,
plan droit en face et niueau, et nombre d'autres
dont vostre broüillon proiect est farcy ? ne s'agis-
sant icy, selon que portent vos paroles, que de re-
plier, et faire passer les ornemens d'architecture
des plintes et appuis d'vn escalier du droit au
courbe, et du niueau à la rampe, et de la rampe et
du courbe, les faire retourner au droict et au niueau, chose si triuiale, qu'on berneroit dans les atteliers ceux qui professans le trauail des ornemens
ne la sçauroient pas : qu'estoit-il besoin d'employer
pour cela tant de grotesques, et d'inuenter en outre
ces termes extrauagans, d'angles, d'entre les plans
de chemin, et de niueau, et d'entre les plans de
chemin, et de face, et autres semblables, et de conduire les ouuriers aux connoissances de leur art
par ces voyes inconnuës, que vous appellez routes
au chemin, et routes au niueau ? faire cela, c'est
sans doute ietter des tenebres sur la face du soleil,
et apporter de l'obscurité où les choses sont claires
et palpables.

Et quant à ce que vous dites, que *cette maniere*

de traict bien entendue ameine à l'intelligence des traicts pour toutes ouuertures en murs à surface courbée, cela seroit, receuable si vous en produisiez les preuues, mais comme ie les tiens au rang des choses qui vous sont impossibles ; aussi demeure ie ferme dans mes sentimens, que vostre maniere est tout à fait bornée, et que tant s'en faut qu'elle soit vniuerselle, qu'au contraire elle est entierement defectueuse, et se trouue courte, non seulement ès cas que i'ay allegué cy-dessus, mais en plusieurs autres, que ie pourrois cotter, s'il en estoit de besoin. Et ie ne vois pas comme vous puissiez vous parer la coutre, si ce n'est que vous disiez, que bien entendre cette pratique, c'est le mesme que l'estendre, et y adiouster : c'est ainsi par effect que vous en parlez à la fin de la seconde page, ou vous employez ces termes : *Donc au nettoyement de ce broüillon, si on veut estendre le tout d'vn mesme temps, on y pourra mettre des manieres vniuerselles du traict, pour la coupe des bois, aux arts de la cherpanterie et menuiserie, etc.* Cela estant ainsi posé et receu pour véritable, ie donne les mains et vous aduoue, monsieur Desargues que vous auez trouué la façon de rendre vostre methode richement vniuerselle. Car il est bien certain que par l'aide d'icelle, on pourra tout faire pourueu qu'on lui adiouste toutes les autres pratiques du reste des arts, comme vous luy ioignez celle des arts de la menuiserie, cherpanterie, desquelles seulement vous faictes mention : si que l'amplifiant de la façon de bien manier la lime et le marteau, elle seruira aux serruriers ; si vous y ioignez le maniement de l'esguille, et des ciseaux, elle rendra ceux qui en vseront bons cousturiers : et si vous la grossissez des façons d'habiller et assaisonner la viande, elle vous fera maistre cuisinier ; bref, l'enflant ainsi de tous les secrets des autres mestiers, elle vous fera sans doute un IEAN faict tout, et les philosophes n'auront plus à se debattre sur l'vnivers *à parte rei*, parce qu'ils l'auront tout moulé et trouué en vous.

En voila assez dit, touchant l'vniuersalité pretendüe de la maniere du traiect que nous examinons. Ie passe donc à la facilité, que le broüillon proiect du sieur Desargues luy attribuë en plusieurs endroict de son contenu, auec tel aduantage, qu'il pretend qu'elle surpasse en cela toutes celles qui ont paru iusques à présent en l'architecture. *Quant à ceux,* dit-il tout à la fin de la premiere page, *qui pour faire croire qu'ils l'enten-*

dent (il parle de son traict) *auanceront qu'il y a plus de lignes à mesurer, et qu'il est plus long et difficile, et qu'il n'est en rien different de celuy qu'ils scauoient; l'experience et le temps descouuriront, s'ils auront dit en cela la verité.* Et en la dixieme et onziesme ligne de la mesme page, il asseure *que la maniere de ce traict est sur tout aisée, et en main au commun des ouuriers, ausquels ce n'est pas le meilleur de proposer vne tant sublime geometrie.* Or voyons s'il dit luy-mesme verité en cela.

Et premierement si sa pratique est facile, et intelligible au poinct qu'il dit, d'ou vient qu'en la page quatrieme, dans l'appendix qu'il a faict, il veut : *Que les seuls excellents hommes en contemplation, et aux sciences en puissent estre les iuges, et non ceux qui ont consommez leur vie dans la practique et ioué,* comme il parle, *pendant plusieurs années de la reigle et du compas en la fonction d'appareilleurs, aux plus magnifices edifices, Eglises, Palais, et semblables,* puisqu'à son dire, il ne leur propose pas vne geometrie tant sublime ! Sans doute il a tellement en dessein de se faire valoir, que cette passion l'aueugle, et le faict à tout coup tomber en contradiction ; il ne veut point n'y que

les maistres en l'art, n'y que les bons appareilleurs
soient ses iuges, et cependant il s'oublie qu'en
la page premiere, et seconde il les reçoit pour tèls,
et n'en produit point d'autres pour prouuer qu'il
est l'admirable, se reclamant à cet effect de Monsieur Burel maistre menuisier sculpteur, de M. Hureau Maistre masson ; et de maistre Charles Bressi,
l'vn des appareilleurs du Louure ; et de M. Bosse
graueur, desquels le premier et le dernier, entendent à ce qu'il dit, sa maniere pour la perspectiue,
et les deux autres sa methode pour la coupe des
pierres, *et la scauent mettre en pratique, et pour-*
ront dire, si elles preuaut ou non à celle qu'ils
sçauoient : mais ces gens là, dira-il, scauent quelque chose de geometrie, et partant ils ne sont pas
de ceux que ie rebute, puisque ie veux que les re-
butez soient sans aucune geometrie. Qu'il soit
ainsi ; ie ne crois pas neantmoins qu'il veuille les
placer entre ces parfaics contemplatifs, et ces excellents personnages ès sciences, aussi n'en font-ils
pas profession, lesquels seuls il admet pour ses
iuges en son appendix, qui faisant la conclusion
de son broüillon proiect donne parconsequent vne
plus parfaite connoissance de ses sentiments et
intention : et partant sa repartie ne le desemba-

rasse pas de la contradiction que ie luy oppose.

D'ailleurs, ie m'asseure que la plus part des maistres Massons et appareilleurs, particuliere-ment ceux qui ont longuement prattiqué ès meilleurs atteliers, et lesquels toutes fois il reiette comme incapables de iuger de sa doctrine, ne souffriront pas qu'il les fasse passer pour purs ignorans en geometrie, et comme de tous poincts despourueus des connoissances de cette science, veu que ie suis asseuré par l'experience que i'en ay, que la plus part de ces gens-là y font ordinairement quelque estude, comme ie veux croire auec luy, que les susdits sieurs Hureau et Bressi l'ont fait, auant que d'estre arriuez à la Maistrise qu'ils possedent tous deux dans Paris, celui-là des longtemps, et celuy-cy depuis quelques mois en çà. Pour le sieur Bosse s'il loue tant l'excellence de la maniere perspectiue, c'est qu'il n'en sçauoit possible point d'autre, non plus que de geometrie, quand il appris celle-cy.

En second lieu, comment peut-il vouloir que sa prattique *soit tout aisée et en main aux ouuriers,* veu qu'il la leur propose en vn langage, qu'il aduouë assez clairement qu'ils n'entendent pas: voicy comme il en parle en la page seconde, tout

au commencement, et s'il n'est pas conçeu (c'est
de son traict, duquel il est question). *Tout a faict
aux termes dont les massons vsent en leur maniere
de traict, ceux qui le verront à fond ën verront
aussi les causes, et pourront apres l'exprimer en
d'autres termes à leur volonté* (i'aduouë pour moy
que ie l'ay veu, et à fond, comme ie crois, et que
ie n'y ai rencontré aucune raison de ce sien procedé : si bien peut-on à mon aduis legitimement
coniecturer, qu'il a voulu embroüiller à dessein
ce qu'il y propose, pour faire croire aux simples
qu'il y enseigne des merueilles, et se faire d'auantage rechercher par eux, en esperance qu'ils ti-
reront en fin de ses mains la clef de ces belles
pensées, et des miracles qu'ils s'imaginent qu'il
propose au public sous des paroles obscures et
extraordinaires, comme sont celles desquelles il se
sert en ses discours. Item en la mesme page sur la
fin. *Donc au nettoyement de ce broüillon, dit-il, si
on veut l'estendre, on pourra particulariser iusques
à la moindre circonstance du maniment et de l'vsage
de chacun de ces instrumens que les ouuriers co-
gnoissent tous, en descriuant en leur langage, au
long et par le menu, comment afin d'expedier plus*

habilement l'ouruage, il se faut seruir de ces rei-
gles, compas, esquierre, etc.

Enseigner donc des ouuriers auec des termes
qui ne sont pas dans le langage ordinaire, et dont
ils ne se seruent pas, voir, qui sont tout à fait im-
pertinens, comme nous le ferons veoir tout incontinent, est-ce le moyen de leur rendre ce qu'on
leur propose, facile, intelligible et en main? Ou
plustost n'est-ce pas les plonger dans des obcuritez
ennuyeuses, et leur remplir l'imagination de tenebres et de confusion. Encor pourroit-on aucune -
ment souffrir ces façons de faire de ce nouveau
docteur, si les termes qu'il inuente et dont il se sert,
estoient au moins indicieusement excogites : mais
tant s'en faut, que cela soit, qu'au contraire ie
soustiens qu'ils sont si mal fondés, qu'il y a plus
de suiet de les rebuter, comme chose ridicule,
que de les receuoir, et leur donner place parmy les
ordinaires, desquels les architectes, et les ouuriers
se sont servy iusques à présent. C'est ce qu'il me
conuient prouuer : et voicy comment. Dans le
traict dont il est icy question, comme estant pour
seruir à vn passage ou descente biaise, les ouuriers
y conçoiuent premierement vn plan dans l'ouuerture du mur, mis en rampe, et esleué par vn bout

sur le niueau ou plan horizontal, de la quantité
d'vn certain angle, rapportant à la qualité de l'ouurage. Et pour cela ils appellent ce plan le plan de
la rampe, et l'angle qu'il fait auec le plan de niueau, l'angle de la rampe, terme qui sont de soy
clairs, significatifs, et capables de former vn con-
cept conforme à la chose qu'ils representent. Le
sieur Desargues tout à rebours, mesprisant ces façons de parler communes nomme le plan susdit,
Le chemin ou plan du chemin, parce, dit-il, qu'il
est celuy sur lequel on doit cheminer, allant et venant par cette porte ou descente. Voila sans doute
vne bien foible raison, pour se departir des facons
ordinaires de parler. Et en effect par mesme raison, tout plan sur lequel on chemine, et partant
le plan de niueau qui est selon luy au deuant de
ceste descente, et tout autre lieu par où on marche,
bien qu'il soit auec inclination, ou non, pourra
aussi bien estre censé et nommé plan de chemin,
que celuy qui se trouue dans cette descente en
l'espaisseur du mur qui la contient, voir auec meilleure raison, veu que celuy-là parleroit mal et im-
proprement, qui diroit qu'on chemine par vne
descente, ou bien ce qui en ce lieu dit le mesme,
par vn degré, quand on monte ou qu'on descend

par les marches qui le composent. D'ailleurs ces
mots generiques, comme est celuy de cheminer et
de chemin, ont leur signification trop vague et
trop estenduë, pour estre raisonnablement affectée
à vne chose si particuliere, comme est la rampe de
la descente ou degré dont il est icy question. Et
comme nous reiettons en ce lieu ces termes de
chemin et de plan du chemin aux sens qu'ils y sont
pris par l'Autheur, aussi pretendons nous pour mesme raison, qu'il faut rietter ceux-cy, *l'angle d'en-*
tre les plans de chemin et de niveau et l'angle d'en-
tre les plans de face et niueau, et plusieurs autres
semblables couchez dans le broüillon proiect du
sieur Desargues, puisque les ouuriers les nomment auec meilleure grace et plus de raison,
et auec plus de rapport à la chose signifiée :
Le premier, l'angle de la rampe, et le second l'angle du talus, et ainsi du reste. Il n'y a pas plus de
raison d'appeler les deux costés de la descente et
les plans qui leur sont paralelles, *plan de route,*
puisque ce terme, comme les precedens, est trop
general, et qu'il contient vne improprieté de langage, veu qu'ayant esgard à ce qu'on veut que ces
plans signifient, ils deuroient plustost estre appelés
plan sur route que non pas *plan de route,* comme

le sieur Desargues le veut. C'est chose pareillement ridicule, d'appeller la ligne qui est conceuë
passer sur et au milieu du plan de rampe, paralel-
lement aux deux costes de la descente, *route au
chemin*. Car pourquoy ceste ligne là sera-t'elle
plustost *route au chemin,* que les autres qui se
peuuent exprjmer de droit à gauche, ou au contraire, et non iustement par le milieu de la rampe
de la descente, puisque ceux qui y passent ne sui-
uent pas tousiours et precisément le milieu d'icelle,
qui est cependant ce surquoy l'autheur se fonde
pour la denommer *Route au chemin*. Outre que ce
mot de route signifiant plustost ces petits centiers
qui conduisent aux grands chemins, où qui les cos-
toyent, tant s'en faut que la route au chemin doiue
dans la proprieté du langage signifier vne ligne
dans la descente, qu'au contraire elle est plus propre pour nous representer quelque ligne située hors
et au long d'icelle qu'autrement. I'en pourrois dire
autant de *la route au niueau*, qu'il prend pour la
ligne du biais, et de plusieurs autres termes semblables qui se lisent dans le broüillon proiect, d'où
les precedens sont tirés. Mais cet entretien tireroit
trop en longueur, et i'aurois peur de vous estre
enfin importun par ces discours, qui pour n'estre

remply que de routes, de chemins et d'essieux de
toutes sortes, sembles plus propres à estre debités
parmy des marchands rouliers, qu'entre des personnes de consideration duites et versées dans les
sciences. C'est pourquoy ce que dessus suffisant
pour faire cognoistre l'extrauagance de ces façons
de parler, et comme il ne se peut faire qu'elles
n'apportent beaucoup d'obscurité à cette pratique,
laquelle neantmoins le dit sieur Desargues nous
voudroit volontiers faire passer pour plus intelligible et facile que toutes celles qui l'ont precedé, ie
poursuis mon examen, et dis.

En troisiesme lieu, qu'outre les plans de niueau,
de face, et de rampe, qui sont les ordinaires, et
qui sont plus que suffisans pour l'intelligence et
execution de ce traict, il en forge sans besoin vn
grand nombre d'autres, comme sont les plans de
chemin, plan de route, plan de douele, plan des
ioincts des voulsoirs; et ceux qu'il nomme plans
droits aux face et niueaux, plants droits à l'essieu
et plusieurs autres semblables, dont il charge et
embroüille son broüillon, lesquels ne seruent qu'à
rendre sa pratique embarassée, il donne la gesne à
l'esprit et à l'imagination des ouuriers, veu particulierement qu'il veut qu'il se les representent en

mille sorte de situation, tantost s'entrecoupans et
sortans les vns des autres, maintenant se confon-
dans les vns dans les autres, ores reduicts en vne
ou plusieurs lignes droites, le tout auec vne gran-
dissime obscurité et confusion de sa méthode.
Ce qu'estant ainsi, et voulant de plus qu'on imagine ces plans tout herissés et percés d'essieux,
contre-essieux, sous-essieux et trauersieux, comment peut-il pretendre que les ouuriers ordinairès
puissent entendre vne pratique broüillée de toutes
ces grotesques, veu qu'vn esprit bien duit aux speculations des mathematiques à prou de peine de
s'en démesler : ie m'en rapporteray volontiers à ceux
qui voudront se donner la peine de lire ce qu'il en
a escrit, et d'arenger toutes ses pieces. Car il m'asseure que l'experience leur ayant fait cognoistre
qu'il y en a plus encor que ie n'en dis, ils souscri-
ront sans contredit à mon opinion, et aduoüeront
auec moy, qu'il seroit bien difficile de rencontrer
vn poinct de pratique en quelque art que ce soit,
plus embarassé et plus embroüillé que celuy, dont
il est icy question.

En 4 lieu. La multiplication des figures en vn
subiect, ou vne ou deux peuuent suffire, n'en peut
faciliter la pratique, ainsi elle la rend d'autant plus

difficile que l'imagination et la memoire par la
diuersité et multiplicité des lignes, des angles et
des plans en demeurent plus chargées. Or est il
qu'en la methode ordinaire d'expedier le traict de
la descente que nous propose le sieur Desargues,
il y a sans comparaison moins de lignes, moins
d'angles, de plans, et de figures, qu'en celle qu'il
veut estre sienne et la plus aisée, et plus en main
de toutes (estant veritable qu en l'ordinaire on se
passe de deux ou trois figures au plus, au lieu
qu'il en employe cinq au moins en sa methode :
Car des sept on en peut retrancher deux, sçauoir
la premiere, qui ne sert qu'à faire voir sa descente
en perspectiue, et la cinquiesme, qui faict la seconde de la 3ᵉ stampe, puis qu'elle n'est pour autre
effect que pour trouuer par vne seconde façon l'arc
droict qui auoit desia esté trouué par vne autre),
donc il est euident que cette pratique est moins
facile que la commune et ordinaire, qu'il rebute
et mesprise tant.

D'ailleurs employant en l'explication de son
traict des preceptes et pratiques tres embroüillées ;
pour trouuer des choses qui sont si faciles de soy,
que les moins versés és operation les plus triuiales
de la massonnerie, les scauent et executent en se

iouant, comme sont l'angle du biay de la descente,
ou le paneau des pieds droicts, l'angle du talus,
l'angle de la rampe, et plusieurs autres choses
semblables tres communes parmy les ouuriers;
comment pourra-t'on se persuader qu'il se rendra
clair et intelligible, ès plus espineuses et difficiles?
Ceux qui prendront la peine de lire son broüillon,
verront s'il leur plaist si ie dis vray; et dès à present ie me soumets à ce qu'ils en diront.

En cinquiesme lieu. Si le procedé du sieur Desargues en sa doctrine doit estre receu pour legi-
time, il faut condemner tous ces grands maistres,
qui ont par cy-deuant traicté des arts et des sciences; puis qu'ils y ont procedé tout au rebours de
ce nouueau docteur; estant vray que les autheurs
qui l'ont precedé, se sont seruy des cognoissances
plus simples et moins cachées, comme d'eschelons
pour monter et arriuer aux plus abstruses et composées : au lieu que luy par vne methode toute
contraire donne d'abord aux composées, et pretend
qu'en ayant proposé quelqu'vne de celles-cy au
public, il a suffisamment descouuert les autres,
puisque les simples sont contenuës au moins
eminement dans les composées. Vn autre que luy
auroit de la peine d'accorder ma proposition;

mais pour luy ie m'asseure, eu esgard à son humeur, et aux discours qu'il tient en son broüillon proiect, et qu'il a aduancé en plusieurs placards qu'il a mis au iour en divers temps, qu'il ne fera pas difficulté d'y acquiescer; et d'aduoüer franchement qu'il croit auoir mieux faict et rencontré qu'eux : sans estimer que pour cela on le puisse taxer n'y conuaincre d'absurdité. Et c'est pourquoy i'en appelle aux esprits mieux conditionnez que le sien, n'estant pas raisonnable qu'il soit receu en cet examen, comme iuge et partie, sinon quand et où il nous plaira. Ie leur demande donc s'il n'est pas veritable que les chemins que la nature nous a tracé, et qu'elle suit constamment en ses productions, sont tousours les meilleurs et les plus assurés? Ie m'asseure qu'ils m'aduoüeront qu'il en est ainsi. Or est-il que ceste sage maistresse en ses operations, commence ordinairement par le simple et moins parfaict, pour arriuer enfin au composé et plus parfaict où est le but de ses pretentions. (Ie pourrois facilement prouuer mon dire par vne ample induction des effects de la nature, mais la chose estant de soy tres euidente, ce seroit en quelque façon perdre le temps que de s'y amuser.) Donc il est meilleur de limiter en cela

nos operations et productions, que de se departir
et esloigner de son train. Le sieur Desarguesneant-
moins fait estat de faire tout le contraire : car
nous ayant de prime abord proposé vn traict
composé de plusieurs, il veut qu'il nous soit plus
facile d'y apprendre tous les simples qu'il contient, que de les considerer les vns apres les autres, pour enfin arriuer en ce faisant à celuy qui
les comprend tous, et en outre quelque chose par
dessus. En quoy sans doute il exige par vne espece
de petite tyrannie, d'auantage de ces disciples
qu'il n'a fait lors qu'il s'est appliqué aux sciences,
de son esprit : Et ie m'asseure que s'il veut dire
la verité, qu'il m'aduoüera qu'il en a vne autrement en l'estude qu'il a fait és mathematiques; et
soit qu'il les ait appris dans les liures, CE QUE
TOUTES FOIS IL VA FINEMENT DESNIANT PAR TOUT,
tant il veut estre indépendant en faict de sciences
de tous ceux qui l'ont precedé, et qui en ont fait
et font encore profession dans leurs escrits, soit
qu'il les ait acquis par ses seules speculations
particulieres, ce que ie ne crois pas, ie tiens pour
indubitable qu'il n'osera nier qu'il n'ait commencé
par les cognoissances plus simples et aisées, et
qu'il soit ainsi petit à petit paruenu aux compo-

sées et plus difficile. Ce qu'estant, ie ne conçois
pas comme il pourra se parer du blasme de se
dementir soy-mesme, et son procedé par ses escrits
et entretiens particuliers, et de se ioüer de ceux
qu'il va abusant iournellement, par les esperances
qu'il leur fait conceuoir, *que dans vn seul exemple
aussi facile qu'aucun de ceux, dont les autres font
des ramas importun; il leur apprendra en chaque
art tout ce qui y est humainemeut faisable.* Et enfin
de faire litiere de ces grands personnages, Euclide,
Archimede, Apolonius et les autres de l'antiquité
qui en ont usé autrement, proposant des exemples
de tous les cas qui sont tant soit peu considerables
ès matieres qu'ils traictent auec cet ordre, que les
plus simples et facile precedent les plus difficiles
et embarrassées, pour rendre par ce moyen leur
doctrine plus claire et intelligible.

Le sieur Desargues me repartira peut-être, que
c'est à tort que ie le presse de si pres en ce faict,
veu qu'estant question en son broüillon de la
perspectiue, dont il n'auoit proposé qu'vn ou deux
exemples conforme à sa methode, il déclare vers
le milieu de la premiere page, comme il ne pretend point empescher qu'on en compose plusieurs
autres si on le desire ainsi. Voicy ses paroles. *Et*

bien que ces deux figures suffisent, rien n'empesche neantmoins, que si l'on met ce broüillon au net, auec vn nombre d'autres exemples et d'autres stampes, on n'en particularise chaque circonstance encor plus au long par le menu. Ce qu'il dit des exemples de perspectiue se doit pareillement entendre pour proceder sans chicane, et liberallement et honnestement auec luy, de ceux de la coupe des voultes. Voila qui va bien, et ie confesserois tres librement que ceste response le pourroit mettre à couuert s'il ne se contredisoit pas à son ordinaire au reste de son discours. Pour preuue de quoy ie produis de rechef ce qu'il en dit au contraire en l'appendix de son broüillon. *Ces mesmes excellens hommes aux sciences,* dit-il, *peuuent encore mieux iuger que personne autre, si pour la pratique de ces arts* (sçauoir de perspectiue, de la coupe des pierres, et des quadrans) *et semblables, il vaut mieux auoir autant de regles ou leçons diuerses, toutes esgalement distinctes qu'il y a de cas diuers en chascun, ainsi qu'on en pourra voir en diuers traictés enrichis d'vn grand nombre de belles figures, que de n'en auoir, comme icy qu'vne seule en chacun, vniuerselle et generale, pour tous ces cas aussi faciles qu'aucune des autres,* etc. Ne m'advoüeres vous

pas, Monsieur, que ces paroles destruisent les
precedentes, et que d'ailleurs elles sont faulses en
plusieurs de leurs chefs? La contradiction y est
trop euidente pour s'arrester à la prouuer. Je dis
vn mot, et non plus, de leur faulseté, qui paroist
particulierement en deux poincts, et premierement
en ce qu'il dit, que les exemples que les autheurs
proposent pour les pratiques des sciences et des
arts qu'ils enseignent, sont esgalement difficiles ;
il faut ne les auoir pas leu, en ce qu'il soustient
que les exemples et pratiques qu'il propose de son
inuention, sont vniversellement capables, outre la
facilité qu'elles ont esgale indiferemment auec
toutes celles que les autheurs produisent en leurs
escrits, de soudre en tout art tous les cas qui s'y
peuuent rencontrer. Proposition que nous auons
appugné cy deuant, et laquelle nous auons à mon
aduis monstré estre tres esloignée de la veuë.

Tout le contenu de cette cinquiesme raison demeurant parce que dessus deuement prouué et
aueré, il ne reste plus qu'à conclure, que la methode du sieur Desargues, ne suiuant pas les traces
que la nature et les gens doctes et sçauants nous
ont marqué, pour arriuer à la facilité, et clairté
que l'on doit rechercher ès arts ès sciences que

l'on enseigne, ne peut estre que fort embroüillé, difficile, et incapable d'instruire les ouuriers comme il appartient.

En sixiesme et dernier lieu : personne ne peut douter que la conformité des figures auec les ouurages, pour lesquels elles sont faictes, ne contribuë de beaucoup à la facilité des prattiques qui les emploient : or est-il que les traicts ordinaires des architectes et maistres massons, au fait de la coupe des pierres, sont grandement conformes aux ouurages, pour l'execution desquels ils sont inuentez : au contraire de celuy que le sieur Desargues nous propose qui n'y rapporte aucunement. Donc le traict du sieur Desargues n'est aucunement comparable pour la facilité en l'execution aux ordinaires qu'il improuue. La maieure estant sans repartie, il ne reste qu'à verifier la mineure, ce qui se fera efficacement par la representation reele, ou par memoire des vns et des autres. (Ie me persuade Monsieur que vous les auez tous par deuers vous, ou que les ayant veu par cy deuant vous en aurez encor assez de souuenir pour conceuoir ce que ie pretens vous en representer en ce lieu, sans qu'il soit besoin d'en faire la monstre, laquelle ne se pourroit faire sans grossir par exces

cette missiue et l'examen qu'elle contient.) Ie suppose donc qu'il s'agisse icy d'une descente telle
que le sieur Desargues la propose, droicte par deuant et derriere, biaise en talus, et rampante en
son cintre, et duquelle traict ordinaire que donnent les ouuriers pour la coupe d'vne telle voute
a tel rapport à l'ouurage qu'elle en est comme vne
espece de perspectiue, comme sont celles qui se
font par proiection et rayons paralleles, en laquelle
on voit et distingue clairement la rampe, et son
angle, le talus et sa roideur, le plan du passage
auec son biais, et celuy de ses pieds droicts, l'a-
uance des paneaux de douele et de ioinct tant au
plan, que sur le profil, les reculemens du talus,
suiuant les differentes éleuations des voussoirs de
l'arc de face, les retombées et abatuës des mesmes
voulsoirs, le surbaissement, ou surhaussement qui
se faict aux cintres droicts, et ès douëles, eu égard
à la qualité de l'ouuerture du deuant de la descente, et ainsi du reste : Tout cela se trouuant
situé et disposé de telle sorte en la figure, qu'on y
voit vne correspondance, autant parfaicte du traict,
auec la besongne, et l'aspect d'icelles, que la chose
le peut permettre; de sorte que les ouuriers l'ap-
perceuans facilement ils s'en trouuent grandement

aydez, lors que la memoire leur faisant faulx bon,
ils s'oublient des preceptes. Au contraire, rien de
tout cela ne s'appercoit au traict du sieur Desargues, à la reserue de la face du cintre droict, et
de l'ouuerture en la face du mur : et quand on le
considere attentiuement, on ne le voit non plus
conforme à la descente, à laquelle on le destine,
qu'vn cheual l'est a vn moulin à vent ; d'ou ie
conclus, deia ie l'ay faict ès raison precedentes,
que la methode du sieur Desargues pour la coupe
des voultes n'est aucunement comparable en facilité à l'ordinaire et commuue des architectes : et
soustiens en suitte qu'elle n'est aucunement propre à la pratique, et qu'elle se trouue trop em-
barrassée, et embroüillée pour les ouuriers.

Et c'est pour cela sans doute que son meilleur es-
cholier, le sieur Charles Bressi, comme luy mesme
l'a dit a vn mien amy, n'a peu estre receu à faire
son chef d'œuure sur ce traict ; les maistres de
Paris ayant sagement iugé, qu'il ne pouuoit legitimement tenir rang parmy les receuables dans la
pratique, pour estre par trop chimerique et extra-
uagant, i'entent parler du traict du sieur Desargues, car ledit Bressi scait fort bien l'ordinaire,
et ne proposoit celuy-là que pour son plaisir et

galanterie : ie-sçay bien que le sieur Desargues re-
cusera ces Messieurs comme incapables d'estre ses
iuges, et qui n'ayans *qu'vne science tatonneuse*,
comme il parle des secrets de leur mestier, n ont
pas assez d'acquis pour discuter ses prattiques,
qui sont des productions *d'vn franc geometre*, tel
qu'il se dit estre et qu'eux ne sont pas : mais qu'il
prenne garde de n'abuser plus longtemps de la patience et modestie de ces Messieurs, qui ont assez
dequoy pour luy faire voir quand ils voudront,
qu'ils sont assez bons geometres, pour en faire pa-
roistres les effects par tout ailleurs, aussi bien que
dedans leurs atteliers, et bureau : Et voila le premier aduis que ie voudrois à la fin de cet examen,
donner en amy au sieur Desargues.

Le second est, qu'il considere mieux à l'aduenir qu'il n'a faict du passé, que ses forces sont
par trop foibles, et son esprit par trop borné,
pour mettre au rabais comme il pretend les
autheurs qui ont deuant luy, et mille fois plus
dignement que luy traicté des matieres, lesquelles à proprement parler, il ne fait qu'effleurer :
qu'il se souuienne de plus qu'il a affaire à des
gens trop intelligens, pour leur faire croire qu'il
trouue par tout de l'vniuersalité où ils n'ont trouué

que de la particularité, et qu'il en a plus dict en trois ou quatre figures qu'il a donné au public sous le titre de, *Leçons de tenebres*, que n'en a conceu Apollonius, et laissé à la posterité en plusieurs et tres-doctes liures, et qu'il a plus descouuert de secrets en l'architecture dans vne feuille de papier que contient son broüillon proiect, que n'ont faict tous les Architectes, qui iusques à present ont trauaillé aux traicts de la coupe des pierres.

Le troisiesme est, que quand il voudra donner quelque chose au public, il ne le serue plus de broüillon, comme il a faict par cy deuant, et qu'il traitte les hommes sçauants auec plus d'honneur qu'il n'a faict iusques à maintenant, ayant bien osé du passé les inuiter fort souuent, et sans doute assez inciuilement à lire ses broüillons, et à les nettoyer. C'est à la verité trop presumer de soy, et trop peu des gens d'honneur, que d'en vser de la sorte, et vn tel procedé ne peut passer pour tolerable parmy des gens bien sensez, et des personnes, qui sçauent comme il faut viure.

Voila, Monsieur, ce que i'auois à vous dire pour satisfaire à vos commandemens sur le faict du broüillon proiect du sieur Desargues : Si vous iugez à propos de luy en communiquer quelque chose,

faicte-le à la bonne heure , particulierement si
vous pensez qu'il en doiue faire son profit, et me
croyez s'il vous plaist,

Monsievr,

———————

(5) EXAMEN DE LA MANIERE DE FAIRE DES QUA-
DRANTS, ENSEIGNÉE A LA FIN DU BROUILLON PROJET
DE LA COUPE DES PIERRES. ETC., PAR G. D. L.

Povr satisfaire à ce que vous desirez sçauoir de
moy auec tant d'affection, ie vous enuoye l'éclair-
cissement de ce que vous me mandez n'auoir iamais sçeu entendre, et que vous qualifiez in-intel-
ligible pour sa grande difficulté. Ie vous advouë
qu'il faut estre merueilleusement attentif, patient et
rompu en ce genre d'écrire, et en cette matiere pour
penetrer dans les pensées de cét Autheur, que ses
discours n'expriment pas en la maniere accoustu-
mée de ceux qui traittent auec methode les sciences mathematiques, ne se seruant en ce rencontre
ny de lettres ny de figures : Mais pour vous soulager
de cette fatigue, je l'expliqueray en termes et par

la methode ordinaire, et feray quant et quant les
remarques qui seront necessaires en commençant
par le premier cahyer imprimé en aoust 1640,
intitulé, Broüillon projet d'Exemple *du S. G. S. L.*
contenant à la fin, *La maniere vniuerselle de tracer,*
au moyen du style placé, tous quadrants plats
d'heures esgales : Et puis je passeray au second
imprimé quelque temps après; *De la maniere de*
poser le style : En quoy je suiuray son mesme ordre et ses temps pour mieux l'examiner, et non pas
l'ordre de la doctrine, contre laquelle il a merueilleusement peché en ce poinct, d'auoir mis (comme
on dit, la charrette deuant les bœufs,) et d'auoir
enseigné à faire des quadrants, *au moyen d'vn*
style placé, long temps auant que d'enseigner ce
qu'il entendoit par son style, et comme il falloit le
placer : Mais venons au sujet.

MANIERE VNIUERSELLE DE TRACER, AU MOYEN DU STYLE PLACE,
TOUS QUADRANTS PLATS D'HEURES ÉGALES AU SOLEIL, AUEC
LA REIGLE, LE COMPAS, L'ESQUIETBE, ET LE PLOMB. PAR
G. D. L.

Cette proposition semble d'abord comprendre
toute la Gnomonique, et enseigner seule à tracer
auéc facilité toutes sortes de Quadrants d'heures

egales, sur quelques plans que ce soit, sans sçauoir leurs Declinaisons, Situations, Inclinations, Eleuation de pole, lieu du Soleil, ligne Meridienne, et autres conditions requises en diuerses rencontres, pour la construction d'iceux : Neantmoins estant bien considerée, outre qu'elle ne peut estre entenduë des Apprentifs, ny rien apprendre aux Maistres : On trouuera qu'elle n'est point 1°, *Vniuerselle* ny bien determinée, 2°, Que sa construction n'est point generale ny enoncée en termes precis et veritables, 3° Que sa practique (lors mesme qu'elle se peut practiquer :) n'est ny prompte ny aisée, mais plus longue difficile et moins seure que les ordinaires de ceux qui sçauent bien cét art, par theorie et practique, ausquels seuls appartient de iuger ce qui en est.

Pour leur prouuer donc ces trois veritez : Il faut premierement considerer ces paroles de la proposition, *Maniere vniuerselle de tracer au moyen du style placé, tous Quadrants plats d'heures egales :* puis voir sa construction, dont voicy les termes que je tascheray de vous rendre intelligibles par la representation d'vne figure, et l'addition de quelques paroles où je le jugeray à propos.

Quand le Style est posé au quelconque poinct d'i-

celuy hors le plan du Quadrant (comme vers le milieu du Style ou approchant) *Il faut appliquer le fil deslié d'vn plomb pendant ou perpendicule, puis appliquer vne regle ou filet qui touche en mesme temps de trois poincts diuers, le milieu de la grosseur du Style, ledit filet du plomb pendant, et le plan du Quadrant et marquer ce poinct au plan du Quadrant, puis en remüant cette regle, faire de mesme en vn autre endroict, et marquer ainsi deux poincts au plan du Quadrant, et par ces deux poincts mener vne ligne droicte, laquelle est la ligne Méridienne ou de douze heures.*

Cela est tres-veritable en tous plans, mesmes aux inclinez, pour lesquels sans doute l'Autheur a voulu mettre cette methode : Car pour les verticaux simplement et perpendiculaires à l'Horison, où le Style coupe le plan du Quadrant, il n'y faloit pas tant de façons ny de bornoyement, mais seulement auec vn plomb pendant tirer vne perpendiculaire D N. [*figure* 1.] du milieu du trou D. par où passe le Style dans le plan. La generalité consiste donc en l'application *du fil deslié de plomb pendant*, et de cette *regle ou filet tendu, qui touche en mesme temps le Style le plomb pendant et le plan :* et ce en deux diuers poincts, comme M N remüant ladite regle

de place ; Mais celà ne vous doit pas estre nouueau,
l'ayant veu practiquer à tous ceux qui font des
quadrants, et particulierement à Monsieur Sarra-
zin il y a plus de vingt ans : qui encores se con-
tentoit de laisser seulement tomber du Style le
plomb pendant, et de le bornoyer : C'est à dire,
regarder et mettre en mesme ligne ou plan, le
Style, et ledit plomb pendant, et marquer sur le
plan du quadrant, auec vn crayon deux ou trois
poincts ou rayons visuels differens M N par lesquels
en tirant vne ligne, Il est certain qu'elle est la
Meridienne, ou de 12. heures, et ie ne vous en fais
pas la demonstration, croyant que vous la verrez
aisément, en considerant que ladite ligne n'est
autre chose que la section du plan Meridien
sur ledit plan du quadrant, lequel Meridien est
tousiours perpendiculaire à l'Horison, et passe par
l'Axé du monde, qui est icy le Style.

La ligne Meridienne estant donc trouuée, voici
ce que dit l'Autheur, *puis il faut appliquer vn des
costez d'vn esquierre au long du Style, en façon que
la ligne du Style soit parallele à ce costé d'esquierre,
et ensemble au plan de son angle droict, puis faire
tourner cét esquierre tousiours ainsi disposé ronde-
ment au-tour du Style, iusqu'à ce que l'autre costé*

de l'esquierre alongé d'vn filet au besoin, vienne à rencontrer à deux fois diuerses le plan du Quadrant en deux poincts diuers, et par ces deux poincts, faut mener vne droicte qui est la ligne de l'Equateur ou de six heures. Voilà donc comme il trouue sa ligne Equinoctiale : C'est à dire auec moins de termes, en tirant par le moyen d'vn esquierre appliqué et tourné au long du Style **A D.** deux lignes en l'air **A B, A G.** [*figur.* 1.] a boutissantes au plan du Quadrant perpendiculaires au dit Style. Et par ces deux poincts d'aboutissement **B C.** on menera la ligne Equinoctiale **RB. SC.** la demonstration de cela despend de ce que le plan de l'Equateur coupe tousiours à angles droicts l'Axe du monde, qui est ici le Style. Ie ne vous dis pas que cela soit nouueau : Vous sçauez ce qui en est aussi bien que moy, ie ne tasche que de vous le rendre intelligible comme vous desirez : I oubliois de vous aduertir à ne vous pas méprendre en deux equiuoques qui sont en ce precepte, l'vn a ce mot de *(ligne du Style,)* qui n'est pas ce qu'on appelle d'ordinaire ligne du Style, mais le Style mesme : l'autre, en *la ligne de six heures,* qui n'est que l'Equateur, et non point vne ligne horaire, comme il sera encores dit cy apres.

La ligne Meridienne et Equinoctiale estant donc trouuées et tracées au plan du Quadrant, voici comme l'Autheur poursuit, *et sur la piece de cette ligne de six heures, contenüe entre ces deux poincts, comme base d'escrire au plan du Quadrant vn triangle qui ayt les autres deux costez esgaux, chacun à la longueur contenüe depuis son poinct en cette base jusqu'au poinct milieu de la grosseur du Style, à l'entour duquel atourné le bout de l'esquierre, qui a donné ces deux poincts de l'Equinoctiale au plan du Quadrant : et au-tour du poinct où ces autres deux costez de ce mesme triangle aboutissent côme centre, décrire vn cercle, ou rond de quelconque interualle ou ouuerture.* Voilà tout ce qu'il fait pour trouuer ce qu'on appelle ordinairemêt, [*fig.* 1.] le centre de l'Equinoctial, et pour le rendre plus intelligible, voyez en la figure 1. Il dit, que faisant sur la ligne B C. du plan du Quadrant, le triangle B. E. C. ayant B E. esgal à B A. et C E. egal à A. C. le poinct E. sera le centre du cercle de l'Equinoctial, qu'il faut tracer de quelque interualle que ce soit, ce qui est tres-constant demonstratif et practiquable.

Cela fait, voicy comme il continuë, *puis par le poinct ou but commun aux droictes de* 12. *et de* 6.

heures alongees au besoin : (C'est à dire par la section de la ligne Meridienne et de l'Equinoctiale,) *et par le centre de ce cercle*, c'est à dire, par le poinct E, *y mener vne ligne droicte*, c'est la ligne E S. *qui donnera le diametre de* 12. *heures, et sur ce diametre diuiser ce cercle en vingt-quatre parties esgales.* C'est à dire pour bien-parler, commencer les diuisions au poinct G, *puis du centre de ce cercle mener des rayons ou droictes par chacun des termes de cette diuision iusqu'à la ligne de six heures,* C'est à dire iusqu'à la ligne Equinoctiale, *et par ces poincts ainsi faicts en la ligne de six heures, mener des droictes au bout du Style, s'il touche au plan du Quadrant, sinon il faut faire la mesme chose encorse en vn autre endroict du Style, et l'on aura au plan du Quadrant deux lignes de six heures,* (c'est à dire, deux Equinoctiales,) *chacune diuisée par le moyen de son propre cercle,* ou Equinoctial, *et par les semblables poincts de ces deux lignes de six heures, menant des droictes, elles sont les lignes des heures esgales au plan du Quadrant, ou par le moyen de celle de* 12. *heures, on discerne leur ordre et celles des heures deuant midy, d'auec celles d'aprés, pour le marquer chacune de son nombre.*

Voilà tout ce que dit l'Autheur de sa *Maniere vniuerselle de tracer tous Quadrants*, que vous aurez, je m'asseure compris auec beaucoup de facilité, par la figure et par les petits mots d'addition et de lettres que i'ay inseré par cy et par-là : Ie l'ay mise aussi tout au long, quoy qu'il n'y aye du tout rien de particulier en ce dernier Article, afin que si ie fais quelques remarques d'obmission dans ces preceptes, qui destruiront par consequent *l'vniuersalitè*, vous puissiez mieux iuger si elles sont equitables : et que ie ne sois pas reprehensible d'auoir moy-mesme rien obmis.

Or toute cette construction aboutissant et estant fondée, 1°, sur l'inuention de la ligne Meridienne, 2°, de la ligne Equinoctiale, coupant icelle Meridienne en vn poinct, pour auoir le commencement de la diuision des heures dans le cercle Equateur, 3°, du centre ou du pole du monde representé au Quadrant, auquel toutes les heures ou lignes tirées des poincts coupans la ligne Equinoctiale aboutissent : ou quoy que ce soit, de deux poincts dans le plan du Quadrant, sur deux lignes Equinoctiales, pour tirer chasque ligne horaire. Il est certain que s'il se trouue des plans ou quelqu'vne de ces conditions ne puisse estre obseruée, *cette Maniere* ne

sera pas *vniuerselle* et pour *tous Quadrants plats*,
aux purs termes qu'elle est donnée. Mais les plans
qu'on nomme Orientaux, ou Occidentaux : C'est à
dire qui sont parallels au cercle Meridien, ne sçauroient absolument auoir de ligne Meridienne, par
consequent cette construction, ne se peut practiquer en iceux : Elle n'est donc pas *vniuerselle*, ny
pour tous Quadrants plats.

De plus, quand les plans verticaux ou inclinez
(en la situation mesme où nous sommes, sans parler des autres climats,) declinent ou font angle
auec le plan Meridien, jusqu'à 10. ou 12. degrez,
soit du costé d'Orient, soit du costé d'Occident, ils
ne peuuent receuoir de ligne Meridienne, que dans
l'éloignement du pied du Style de 5. à six fois,
voire plus la longueur d'iceluy, (qui est à dire hors
le plan du Quadran, ou bien il faudroit le faire
excessif, et que la muraille eut vne furieuse estenduë, pour receuoir le trait seulement de ladite
ligne Meridienne,) par consequent on ne sçauroit en
pas vn d'iceux se serui commodément de cette *Maniere*, qui commence par la ligne *Meridienne*, et
en quelques vns point du tout, donc elle ne se peut
pas dire *vniuerselle*, puis qu'elle ne satisfait pas à
vne infinité de plans ou perpendiculaires ou incli-

nez à l'Horison, superieurs ou inferieurs, qui peuuent estre compris dans l'espace d'enuiron 10. deg.
deuant et 10. deg. aprés le Merid. c'est à dire dans
l'estenduë d'enuiron 20. degrez : Ce qui seroit trop
long à déduire plus particulierement.

Voilà pour ce qui est de la premiere condition
qui est de la ligne Merid. Pour la 2. qui est de
tracer et prolonger s'il est besoin la ligne Equinoctiale, en sorte qu'elle coupe lad. Merid. en vn
poinct qu'il nomme *but commun des droictes* de 12.
et de 6. *heures*, afin d'auoir le commencement des
heures (qu'il nomme *diametre des 12 heures.*) Il est
certain que s'il y a quelque plan où la ligne Equinoctiale et la Meridienne prolongées, ne se puissent couper, cette construction n'aura point de
lieu, puis qu'elle fonde sa diuision sur cette intersection.

Or est il que dans les mesmes plans cy-dessus,
qui sont ou paralleles au meridien, ou faisans angle auec iceluy de 10 ou 12 degrez deuers l'Orient
ou l'Occident, la ligne Equinoctiale ne sçauroit
couper la Meridienne pour les raisons cy deuant
desduites.

Donc en ces plans on ne sçauroit assigner le commencement des heures par les termes de la cons-

truction, par consequent *la maniere* n est pas *vni-*
uerselle ny pour *tous plans :* Il est pourtant facile
en ce cas, de trouuer vn autre commencement de
diuision, qui est par vne ligne Horisontale que
l'Autheur n'a pas enseignée ou sceüe, pour n'a-
uoir pas sans doute fait quantité de Quadrants et
vray semblablement pas vn irregulier ; car il auroit
veu le besoin de cette ligne Horizontale.

De plus si le plan proposé est parallel à celuy du
cercle Equinoctial, il n'y aura point de ligne particuliere qui coupe la ligne Meridienne, ou il y en
aura vne infinité, puis qu'elle mesme est dans le
plan de l'Equinoctial.

Par consequent on n'y scauroit asseoir la diuision
des heures, par les termes precis de cette maniere,
quoy que par la methode ordinaire cela soit tres-
facile.

Les autres conditions requises à la construction
de cette maniere, qui sont, de trouuer le centre de
l'Equateur, et le centre de l'Horologe ou deux
poincts dans le plan pour tirer lignes Horaires
n'empeschent pas veritablement que la proposition
ne soit vniuerselle , puis qu'elles se rencontrent
par tout, mais aussi n'ont-elles rien que le commun

de la theorie et pratique ordinaire, excepté qu'elles sont vn peu plus difficiles.

Voilà donc pour de ce qui est de *l'vniuersalité* de la proposition, quant à sa determination il est tres-euident que parmy tous les hommes versez en Gnomonique, et qui auront oüy parler de la Sphere et raisons des ombres, elle ne passera jamais pour bien faite, au contraire on la conuaincra de faux par deux moyens irreprochables.

I. En ce qu'elle dit *maniere* de tracer au *moyen du style placé*, etc., sans dire ny expliquer en façon quelconque le mot de style, lequel par consequent demeure en sa mesme force et signification que tous les hommes luy ont attribué jusques icy, et dont toute cette science est remplie, c'est à dire vne verge ou baston jettant ombre sans considerer, s'il est incliné ou perpendiculaire sur le plan du Quadrant ; et mesme ordinairement on appelle Style la verge perpendiculaire sur iceluy, et Axe ou Essieu celle qui est parallele à l'axe de ce monde. De façon qu'en prenant le mot de Style en cette proposition suiuant le vraye ordinaire et vniuerselle signification la proposition est obsolument fausse, qui est bien plus que d'estre mal determinée : Au lieu que si l'Autheur eust dit *au moyen du style placé parallele à l'axe du monde* elle eust esté determinée pour ce chef : ce qu'il n'a fait en aucun endroit de cette *maniere de tracer les Quadrants.* Dont ayant esté aduerty, il en a dit quelque chose long-temps apres : encores n'est-ce qu'à demy dans vne feüille à part, que nous examinerons cy-apres : Donc encores que l'Autheur par ce mot de style entende parler seulement de celuy qui est paral-lele à l'axe du monde, faute de l'auoir dit, il ariue que sa proposition n'est pas déterminée, et que ceux qui n'auront que son premier imprimé et sa *Maniere vniuerselle,* comme il y en peut auoir beaucoup, seront aussi excusables de le condam-ner, et ne l'entendre pas, que ceux qui portoient du mortier à la tour de Babel, quand on leur de-mandoit de la brique, ou qui par le mot de com-pas n'entendroient pas vne regle.

La seconde condition qui empesche la determi-nation du probleme, c'est d'auoir dit, *tous Qua-drants plats d'heures égales au Soleil,* sans speci-fier quelle sorte d'heures égales, au lieu qu'il fal-loit adjouster *Astronomiques ou engendrées par les cercles Horaires se coupans aux poles du monde;* pour exclurre les heures Italiques et Babyloniques qui sont aussi heures égales ; ce qui n'ayant pas

esté fait, et la construction ne leur conuenant
point, il est certain qu'elle n'est pas assez determinée.

Voila pour l'vne des Veritez que j'auois à prouuer. La seconde, qui est que cette construction
n'est point generale ny enoncée en termes precis et
veritables contient aussi deux chefs, dont le premier concernant la generalité a esté cy-deuant deduit, en faisant voir que tous les plans n'estoient
pas capables de receuoir de ligne de 12. heures,
ny les plans parallels à l'Equateur, de ligne Equinoctiale, et qu'en vn nombre infiny de plans Orientaux et Occidentaux superieurs et inferieurs s'ils
n'estoient de longueur excessiue, et plus grands
que les murailles ordinaires sur lesquelles on fait
des Quadrants, ces deux lignes ne se sçauroient
couper : partant qu'on ne sçauroit acheuer le reste
de la construction fondée sur cette hypothese, ny
faire des Quadrans *en tous plans* suiuant cette
seule maniere.

Le 2. Chef concernant la precision et verité des
termes, semble ne deuoir point estre sujet à censure, puis qu'il est en quelque façon permis à vn
chacun de se seruir de ceux qu'il approuuera dauantage, particulierement quand il en introduira

de meilleurs que ceux de l'vsage commun; ce qui
bien loing d'estre blasmé seroit selon mon goust
loüable en cét Autheur s'il l'auoit pratiqué de la
sorte, et s'il auoit auparauant expliqué sesdits termes; mais ayant fait tout le contraire il en est reprehensible principalement en deux lieux. 1. De vouloir par le mot de style (qui est commun à toute
verge faisant ombre) qu'on entende seulement l'essieu du monde, sans en auoir rien dit dans cette
construction. 2. *Que par la ligne de six heures* on
entende la ligne Equinoctiale, ou commune section du plan Equinoctial et du plan du Quadrant :
ce qui est non seulement equiuoque, mais faux
absolument parlant, et contre la raison des lignes
des heures égales, dont il est icy question, parce
que les lignes des heures n'estans que la section
du plan du Quadrant et des cercles Horaires se
coupans tous aux poles du monde, la ligne Equinoctiale qui n'y tend pas ne peut estre vne ligne
Horaire, encore qu'en quelques plans, elles soient
paralleles; sur quoy sans doute il a fondé cette
denomination et confusion de lignes, ou parce
qu'aux jours des Equinoxes, le Soleil se couche et
se leue à six heures; Mais à le traitter en rigueur
comme on traitte ordinairement les propositions

Mathematiques, et côme luy mesme traitte les
autres, et comme il veut estre traitté, cette appel-
lation ne se peut soustenir, veu que la ligne Equinoctiale (en parlant proprement) n'est jamais ligne
de six heures, et que s'il falloit prendre sur la veritable *ligne de six heures* d'vn Quadrant les
poincts et les intersections des heures du cercle
Equateur portées par cette construction, il seroit
impossible de faire aucun Quadrant. Aussi l'Autheur ne l'entend pas de la sorte, et est blasmable
d'auoir sans aucun aduis precedent, ny fondement
vtile confondu ces deux lignes, en les appelant
d'vn mesme nom, comme si ce n'estoient qu'vne.
Confusion capable d'arrester les mediocres en
cette science, pour lesquels et non pour les subli-
mes est faite cette construction, parce qu'elle leur
fait voir dans vn mesme dran deux lignes de six
heures.

I'obmets les autres termes et façons d'expliquer
dont l'Autheur s'est seruy, qui semblent le rendre
d'autant plus difficile et moins intelligible qu'ils
sont esloignez du commun, encores que pour mon
regard je l'ay aussi bien compris que s'il eust parlé
d'autre sorte : Mais comme je suis de cette opinion
qui est loisible à vn chacun de parler à sa mode

pourueu que l'on s'explique et qu'on soit veritable;
aussi croy-je qu'il est permis à vn chacun d'ap-
prouuer ou desapprouuer des termes nouueaux
selon le goust que l'on y trouve; et par cette
creance je pense que l'Autheur ne sçauroit plaire
à tout le monde, *Si volet vsus, quem penes arbi-
trium est, et jus et norma loquendi.*

Quant à la troisiéme chose que i'ay mis en auant
qui est de sçauoir si cette maniere de faire les Quadrans est plus prompte ou aisée que les ordinaires
et communes (sans quoy elle sembleroit superfluë)
il n'y a que leur comparaison qui en puisse bien
faire iuger. Et puis qu'il est question de pratique
en cette partie, et de mettre la main à l'œuure pour
voir la promptitude et facilité des vnes et des autres, il semble que les sçauans praticiens, et ceux
qui munis de Theorie manient tous les iours la
regle et le compas sur des eschasfaux et murailles
pour faire des Quadrans, doiuent estre les vrais
Iuges de cette controuerse : qu'on les prenne donc
tous pour faire les operations portées en cette maniere, ou celles que les bons preceptes ordinaires
leur peuuent enseigner auec les mesmes outils seulement, sçauoir regle, compas, esquerre et plomb,
sans parler de force instrumens faciles et certains

qu'on a pour cét effect, Ie croy qu'il n'y en aura
pas vn qui ne die auec raison, que sa Methode *de
trouuer la ligne Meridienne* est semblable, et celle
de tracer *ligne Equinoctiale* est aussi facile et certaine que la sienne, sçauoir est par le moyen de la
ligne dn Style sur le plan, laquelle on trouue en
appliquant vn des costez de l'esquerre sur ledit
plan en deux diuers poincts, et l'autre sur le Styl ou
essieu. Et quant *au centre de l'Equateur* vne seule
ouuerture de compas le donne sur ladite ligne du
Style, comme vn chacun le sçait. Les autres traicts
et diuisions que cette methode prescrit n'ont rien
de particulier, et qui ne se pratique par tout, par
consequent l'Autheur ne doit pas tirer grand aduantage de ces productions, ny les ouuriers grande
vtilité et aduancement de sa doctrine.

Il reste seulement ce qui est plus difficile à comprendre et pratiquer en l'vne et en l'autre maniere,
mais sans comparaison d'auantage, en celle-cy
qu'aux ordinaires, sçauoir *la position du Style*,
parallele à l'axe du monde, de laquelle il faut faire
vn examen à part, puis qu'il en a fait vne feüille
long temps apres la precedente, comme i'ay déjà
dit. Voicy la proposition.

MANIERE VNIUERSELLE DE POSER LE STYLE AUX RAYONS DU
SOLEIL EN QUELCONQUE ENDROIT POSSIBLE, AUEC LA REGLE,
LE COMPAS, L'ESQUERRE ET LE PLOMB.

Celuy qui se vantoit de sçauoir joüer des orgues
par ce qu'il en auoit esté long temps le souffleur, et
qu'il auoit sué de trauail, cependant que son Maistre assis dans vne chaire ne faisoit que se joüer,
croyoit que c'estoit luy qui fit la principale besongne, et disoit pourveu qu'on eust quelque garçon
qui sceut remuer les doigts on entendroit bien
des merueilles. De mesme qui sçauroit la maniere
de tracer les Quadrans au moyen *de Style placé*,
enseignée au *broüillon projet*, et qui ne sçauroit
pas le moyen de placer le ledit Style, pourroit bien
se vanter de sçauoir faire des Quadrans, comme
le souffleur d'orgues d'estre bon Organiste.

C'est donc la principale et plus difficile partie,
soit à comprendre, soit à pratiquer de toute cette
science, et m'estonne bien que l'Autheur n'ait
commencé par là, puis qu'il le supposoit, et que
non seulement l'ordre le requeroit, mais la necessité, sans laquelle il n'aurcit enseigné qu'à faire
les estuis des monstres au lieu des mouuements de

dedans, Voyons maintenant si elle est vraye, vniuerselle et praticable auec facilité.

Pour vraye elle l'est bien en ce qu'elle contient, mais aux termes qu'elle est conceuë, ny adjoustant autre chose que ce que l'Autheur y a mis, elle n'est point vniuerselle, par consequent point vraye absolument parlant : la preuue en est toute euidente.

Mais pour vous *nettoyer ce broüillon*, et vous faire comprendre le secret de cette pratique à laquelle vous dites que ni vous ni grand nombre d'autres ne pouuez rien entendre, et où il est impossible que sans l'intelligence de l'Autheur on y comprenne rien, Ie vous en vais faire l'analyse auec moins de peine que ie n'en ay eu à le dechiffrer. Ie suiuray donc ses termes en lettres Italiques, et par l'addition de quelque mots, lettres et figures (car il n'en a point fait) ie m'asseure de vous le rendre par tout aussi intelligible, qu'il est par fois obscur. Voicy donc ses paroles.

Il y a bien desja plusieurs manieres publiées de poser le Style et tracer les lignes d'vn Quadran aux rayons du Soleil, moyennant l'esleuation du lieu, l'aiguille aymantée, vn Quadran Horizontal, ou autre instrument particulier. Mais outre que chacun n'apprend pas aisement l'vsage de ces instruments,

328 ADVIS CHARITABLES.

tous ceux qui ont à tracer des Quadrants n'ont pas toujours le moyen de les auoir comme la regle, le compas, l'esquerre et le plomb.

Il semble à ces paroles qui rejettent les aydes dont quelques-vns se seruent à tracer des Quadrans, que l'Autheur aye en main quelque methode plus aisée, et où il ne faille effectiuement autre chose que la regle, le compas, l'esquerre et le plomb, neantmoins (chose estrange) voicy ce qu'il dit immediatement apres, *de plus il faut auoir diuerses verges fermes de longueur conuenable, et qui ayent chacune vne viue arreste en ligne droite de son long :* Comme si ces diuerses verges à viue arreste et en tranchans de cousteaux, n'estoient pas autant ou plus difficiles à auoir, porter et manier, que les choses qu'il a cy-dessus rejettées, lesquelles encores ne sont pas des outils absolument necessaires, et comme si lesdites verges n'estoient pas des instruments differens de la regle et compas, aussi bien que lesdites Boussoles et Quadrants Horisontaux.

Et en vn endroit conuenable du Quadran en la part du Couchant faut creuser suffisamment vn trou qui regarde au Leuant comme le trou B en la figure deuxiéme, puis vn jour de beau Soleil apres son le-

uer quand la lumiere en est claire et nette, il faut mettre dans ce trou l'vn des bouts d'vne de ces verges, en tournant sa viue arreste vers le Soleil, et presenter l'autre bout de cette verge, qui est BA contre le Soleil jusques à ce que son arreste ne jette son ombre d'vne part ny d'autre hors de sa longueur, mais seulement dans le trou B ou pied de la verge mesme, et alors arrester ou sceller fermement cette verge en cette position au corps du Quadran.

Puis en ce mesme jour à vn notable temps de là, asseoir le centre d'vne estoile de trois lignes assez longues, en la surface du Quadran, c'est à dire au lieu d'vn poinct faire vne estoile *C justement à l'extremité bien obseruée de l'ombre qu'à lors fera l'arreste de cette verge scellée,* c'est à dire à l'ombre du poinct A. *Et en ce mesme jour encores à vn autre notale temps de là, asseoir encores le centre d'vne autre semblable estoile en la mesme surface du Quadran* comme D, *justement à l'extremité bien obseruée de l'ombre qu'alors fera la mesme arreste,* c'est à dire le bout de l'ombre ou du poinct A.

Or vous remarquerez en cela trois incommoditez de pratique : l'vne de faire vn trou dans le plan du Quadran qu'il faudra reboucher, et qui peut-estre ne se pourra faire sans le gaster, côme si c'estoit sur vne ardoise, vne pierre, vn bois, vn marbre, etc. L'autre, de prendre *vn beau jour de Soleil* pour obseruer trois ombres *à vn notable temps l'vne de l'autre.* Ce qu'on sera quelquefois deux mois entiers à attendre, pendant lesquels vous ne tracerez donc point de Quadran : Et l'autre, *d'arrester et sceller* cette verge en sorte qu'elle ne jette son ombre de part ny d'autre. Ce qui est si difficile à faire *fermement*, attendu le biais et l'inclination que pourra auoir ladite verge, qu'à moins d'auoir des murailles de bouë, comme celles de Beausse pour percer comme on veut, et du plastre pour la sceller, et secher aussi tost (ce qui ne se trouue pas en tous païs, y ayant plus de la moitié de la France, sans parler des autres endroits, où il n'y en a aucun vsage) il n'est pas possible d'en venir à bout auec justesse, et de le pratiquer ; au lieu que par d'autres methodes ou instrumens beaucoup plus faciles on peut en tout temps sans Soleil, et mesme de nuict et sans faire qu'vn seul trou à la muraille tracer le Quadran qu'on desire. Poursuiuons ses poroles.

Puis tout joignant celle des deux estoiles qui sera la plus esloignée du bout scellé de cette premiere verge, c'est l'estoile D, *et en celle des moitiez qui sera la plus esloignée du mesme bout de verge, il faut creuser suffisamment au Quadran encores vn autre trou dons l'ouuerture soit par vn costé bordée de l'vne des lignes de cette estoile mi-partie :* C'est à dire qu'il faut encores faire vn autre trou dans le plan ou muraille du Quadran, en sorte qu'il n'outre-passe pas le centre de l'estoile D, mais qu'il soit comme ce qui est ponctué dans la figure 2.

Et dans ce deuxiéme trou D faut mettre l'vn des bouts d'vne autre verge en tournant son arreste vers l'arreste de la premiere verge, et adjuster cette arreste d'vne part au centre de l'estoile D mi-partie, et de l'autre part à l'extremité saillante de l'arreste de la premiere verge scellée, et alors arrester ou sceller encores fermement cette deuxiéme verge en cette position au corps du Quadran. C'est à dire dans le trou ponctué D sceller encores vne autre verge D A qui aboutisse justement au poinct A, et qui aye son arreste ou tranchant opposée, ou vis à vis de l'arreste de la verge BA, en quoy l'Autheur a encores failly de n'auoir pas determiné de quelle part il faut que soient les arrestes, comme on verra cy-apres qu'il estoit necessaire qui est celle du costé du creux de la ligne B C D, lequel creux aussi (n'ayant autre cognoissance que par cette methode, c'est à dire ne considerant point le lieu du Soleil au Zodiaque, ny la disposition du plan du Quadran) ne se peut sçauoir ny cognoistre qu'apres la 3° obseruasion d'ombre; et partant la position ou costé de l'arreste de la premiere verge ne peut estre determinée par l'Autheur. Et cas auenant qu'elle n'eust pas esté bien placée, il la faudroit remuer et desceller; ce qui seroit tres-difficile, de grande peine et de peu de justesse. Pour la deuxiéme elle se peut mieux adjuster dautant que l'on voit le costé où il faut que soit l'arreste; mais c'est tousjours vn tres-grand defaut, et mesme vne impossibilité en quelques plans, de faire vn second trou pour placer cette seconde verge, et de l'incliner si adestrement que le bout s'vnisse au poinct A, sans l'ébranler : Ce qui est plus difficile qu'aucune des choses qu'on face dans toute la pratique ordinaire de cette science, d'autant que l'ombre D tombera possible sur le milieu de quelque pierre de taille qu'on ne pourra creuser, ou de quelque moilon ou brique qu'on ne pourra retirer sans perdre et gaster le centre de l'estoile qui est absolument necessaire pour la position de la verge : Chose si malaisée à faire auec des marteaux sur des murailles et le

mortier que c'est tout ce que pourroit faire vn
Menuisier auec vne gouge dans du bois et sur son
establie. Ce n'est pourtant pas tout, voicy bien
d'autres peines.

*Puis il faut ajuster l'arreste encores d'vne autre
verge ou regle C A par vn bout au centre de l'estoile C
qui reste entiere en la surface du Quadaan, et l'autre
bout aux extremitez assemblées A, des deux arrestes
des verges sc llées; et ces trois arrestes de verges
estans en cette position, à commencer du poinct auquel elles aboutissent ensemble il y faut marquer trois
portions égales entr'elles, AF. AC. AG. Vne en
chacune de ces trois arrestes.* Voila encores vn troisiéme trou C et vne troisiéme verge, dont l'Autheur veut gaster son plan et le percer en crible,
laquelle seroit d'autant plus difficile à sceller et
joindre auec les autres au poinct A que la place en
est occupée, et qu'il faudroit qu'elles fussent
toutes appointées auec grande cuririosité, et de
longueurs proportionnées aux rayons AC, suiuant
les diuers Quadrans qu'on feroit, qui seroit vne
multiplicité d'instrumens et d'outils plus grande
qu'en aucune autre maniere, quoy qu'elle ne de-
mandast d'abord qu'vn compas, vne regle et vn
esquerre; mais je m'estonne que l'Autheur n'aye

retranché cette derniere et 3. verge n'estant aucunement necessaire quand elle est plus petite que
les autres, d'autant que son dessein et besoin n'estant que d'auoir 3. portions esgales d'arrestes ou
rayons AF. AC. AG. pour en former le triangle
F G C. que vous allez voir maintenant, Il suffisoit
de mettre vn compas au poinct A comme centre,
et de la distance ou poinct milieu de l'estoïlle C,
qui est au plan du quadran, marquer les deux
poincts F G sur les arrestes des deux premieres
verges scellées sans en auoir vne troisiéme quand
elle se trouue estre plus petite : mais quand elle est
plus grande que l'vne des autres, c'est à dire quand
l'ombre, ou le rayon, A C n'est pas le plus petit
des trois, il suffit d'y appliquer vne regle ou vn
filet sans y sceller aucune verge, et sur iceluy
marquer la portion esgale comme sur les deux
autres.

Puis il faut prendre les trois interuales droits
FC. CG. FG. *d'entre les trois bouts separez* F. C. G.
*de ees trois portions esgales, et de ces trois inter-
uales droicts faire en quelque part vn triangle* F C G
en la 3. figure *duquel il faut mi-partir deux costez,*
comme FC. CG ou FG, *et par les poincts qui les*
mipartissent mener desdites perpendiculaires à ces

costez mipartis, C'est à dire en moins de paroles
qu'apres auoir fait le triangle F C G il faut descrire
vn cercle à l'entour d'iceluy, ce que l'Autheur enseigne à faire, comme si la 5. proposition du 4. liure d'Euclide ne l'enseignoit pas tout de mesme,
en quoy il peche par superfluité et contre son
propre dessein, qui n'est pas d'enseigner ces petits
problemes de Geometrie, supposant qu'on les sça-
che auant que lire ses escrits et pratiquer ce qu'il
enseigne.

*Puis du rencontre de ces deux perpendiculaires
aux costez impartis du triangle,* c'est à dire du
centre du cercle O *il faut mener vne droite* OF, *à
l'vn des coins de ce triangle, et par le mesme rencontre d'entre les mesmes perpendiculaires,* C'est à
dire du mesme centre *faut mener vne autre droite
perpendiculaire* O A , *à la droite* O F *menée du
mesme rencontre à vn coin du triangle.*

*Puis de ce coin de triangle F comme centre, et
interualle de l'vne des portions esgalles d'arrestes
des verges scellées,* C'est à dire AF. AC ou AG de
la 2. figure, *il faut descrire vn arc qui rencontre
la perpendiculaire* AO *à la droite* OF *menée au coin
de triangle* F. Notez bien je vous prie cette construction et comme il faut couper la perpendicu-

laire AC, (qui est l'axe du cone des rayons du Soleil, dont FO est la base) par la longueur du rayon
FA, afin d'auoir par cette intersection au poinct A
la ligne AO, qui est la hauteur dudit axe, de laquelle il se va seruir, comme vous allez voir pour
la position ou inclination de son Style. Et toute
cette preparation se doit faire sur quelque plan
bien vny, qui est encores vne sujetion, si ce n'est
qu'on vueille gaster celuy du Quadran, et le remplir de force lignes inutiles.

Puis reuenant aux deux verges scellées de la part
autre que celle où estoit dressée la troisiéme arreste.
Il faut bien eutortiller vn bon fil de metail par vn
bout à chacune de ces deux verges scellées AB, AD
de la 2. figure, *en façon que le brin en vienne droit*
hors de l'entortilleure justement par les marques
separées FG *des portions égales des arrestes de ces*
verges ; puis à commencer aux arrestes des verges
scellées, il faut marquer en chacun de ces deux fils
de metail vne portion égale à la droite de coin de
triangle : C'est à dire à FO de la 3. figure. *Et en*
apres joignant ces deux fils en ces marques, il faut
les tordre ensemble par leurs testes. Il veut dire
qu'il faut entortiller aux deux poincts FG des deux
verges en la 2. figure, deux fils de fer ou de leton

de la longueur chacun de FO ou GO de la 3. figure, en commençant à l'arreste, et finissant ou
faisant vn angle en l'air, comme ils font dans
ladite figure ou plan au poinct O.

*Puis leur adjoignant en leur mesme sens vne au-
tre verge directe vnie et ferme* (c'est celle qui doit
seruir de Style et qui est AO dans la 4. figure.) *Il
faut attacher fermément ces deux fils de metail auec
cette derniere verge par le poinct iustement O auquel ils aboutissent ensemble, et à commencer du
mesme poinct d'assemblage, il faut en cette derniere
verge AO de la part des deux verges scellées* BA. DA.
marquer vne portion egale à la portion AO figure 3.
*de droite perpendiculaire à la ligne OF menée à vn
coing de triangle F, qui est,* ou laquelle portion
est, *contenue entre les perpendiculaires aux costez
mipartis du triangle et l'arc susdite A.* C'est à dire
que dessus cette quatriéme verge qui doit seruir
de Style, il faut marquer par deux poincts la longueur AO de la 3. figure côme elle a esté trouuée
cy-deuant, qui est la hauteur de l'axe du cone,
dont AF est vn costé, et OF rayon ou demy diametre de la baze, et à l'vn de ces poincts ou marques
comme O attacher les deux fils de metail de la
longueur prescrite.

Puis ajuster cette derniere verge AO de 4. figure
par cette derniere marque A, au poinct auquel abou-
tissent ensemble les deux arrestes de verges scellées,
c'est à dire mettre le poinct A de ladite verge ou
Style, justement sur l'extremité ou rencontre des
autres deux ou trois verges FA. GA, *Et la balan-*
cer là dessus. C'est tourner, hausser et baisser *en*
façon que les deux fils dc metail attachez au poinct
O de ladite verge *viennent tendus chacun en ligne*
directe, et alors cette derniere verge estant affermie
en cette position (il faut l'allonger jusqu'au   ur ou
tant que besoin sera) *est le Style essieu conuena-*
blement posé d'vn Quadran en cét endroit, lequel il
faut tout de bon sceller et affermir dans la muraille
en cette situation et oster les autres verges comme
inutiles, si elles ne seruent point à soustenir le
Style. Voilà donc toute la façon qu'il apporte à
placer son Style, et que comprendrez je m'asseure
si vous la lisez auec attention. Le destachement
des figures et les petites annotations que i'ay faits
la rendant plus intelligible : Mais remarquez ie
vous prie, comme il n'a point donné d'autre conduite et direction de Style que la ligne AO de la
3. figure, dont il transporte la longueur sur sa derniere verge ou essieu pour en mettre vn poinct sur

le bout des verges scellées, ou sommet du cone, et de l'autre estendre ou roidir ses deux fils de metail, ce qu'estant fait il conclud et fort bien que sa derniere verge ou Style est disposée comme il appartient parallele à l'essieu du monde, mais si cette construction est vniuerselle et pratiquable, Vous le verrez tantost, c'est dont il est question.

Ie la repete toute en peu de paroles pour vous la faire mieux comprendre, car elle est de grande consequence, puis qu'elle est le fondement de toute cette Gnomonique qui pretend estre vniuerselle, et auoir de grands auantages par dessus les plus belles manieres ordinaires de faire des Quadrans.

Le secret de cette pratique consiste donc à trouuer par le moyen de trois ombres, ou plustost par trois longueurs esgales comme AE, AC. AG. (figure 2.) de trois rayons AB. AC. AD. donnez de position, vn triangle ECG. en la base du cone que lesdits rayons font ce jour là, dont A ou la pointe du Style, est le sommet.

Lequel triangle FCG. estant inscrit dans vn cercle (en la 3. figure) et du centre duquel O, ayant tiré le demy diamettre OE et la perpendiculaire sur iceluy OA, puis ayant fait FA esgale à FA (de

la 2. figure) la perpendiculaire AO sera l'axe du
cone dudit jour.

En sorte que si aux deux rayons AB, AD (en la
4. figure) ou verges mises et scellées en la place
d'iceux, on attache sur les poincts F et G deux
filets la longueur chacun de FO, et qu'on marque
sur quelque fil de fer, ou verge droite la longueur
AO, dont on mette vn poinct en A sommet du cone
ou rencontre desdits rayons du Soleil, et que l'autre aille rencontrer les deux filets tendus ou demi
diamettres FO, GO, alors la position de cette verge
AO sera comme l'axe du monde ; de façon que
l'arrestant de la sorte, et la prolongeant s'il est
besoin jusques à la muraille, le Style dont est icy
question sera placé comme il est requis.

Voilà ce qu'on peut dire de plus bref et plus net
pour l'intelligence de cette construction et la demonstration de la vraye position du Style. Examinons maintenant si elle a lieu en tout temps et en
tout plan, pour sçauoir au vrai si elle est *vniuer-*
selle, dans la rigueur des Mathematiques, et si elle
est pratiquable auec quelque facilité.

le dis donc 1. que l'obseruation des trois ombres se faisant dans les Equinoxes, il ne se fait

point ces jours là de section conique sur aucuns
plans, puis que les rayons du Soleil ne font point
de cone par l'extremité d'aucun Style, mais seulement vn plan dont la section commune auec tous
les autres plans quelconques, est par consequent
vne ligne droite, cela estant le triangle FCG estant
inscript dans vn cercle (figure 3.) Et le centre d'i-
celuy estant le poinct O, si on prend la longueur
FA (figure 2.) pour couper la ligne OA (figure 3.)
par vn arc de cercle, elle ne la coupera pas, mais
elle la touchera seulement au poinct O, par ainsi
A et O n'estans qu'vn mesme poinct, puis qu'il
n'y a point d'axe de cone ces jours là, on n'aura
point de longueur AO, comme il y en a en la
3. figure cy-dessus ; et partant on n'aura point de
direction ny de conduite aucune pour placer et
poser le Style suiuant l'axe du monde, puis qu'elle
y est absolument necessaire en cette construction ;
donc par le simple enseignement de cette maniere,
le Style ne sera point posé ces jours là : ce qui eust
esté pourtant bien facile à monstrer à rendre vniuersel auec le simple esquierre appliqué par l vn
des costez sur l'vn desdits fils de metail ou ligne
FO, l'autre passant par dessus le bout des verges
scellées ; car alors de necessité il est comme l'axe

du monde : par consequent cette maniere desduite comme elle est, n'est point vniuerselle.

De plus, si l'obseruation des trois ombres se fait tousjours deuant ou apres les Equinoxes la ligne AO sera si petite quelque grand que soit le Quadran qu'elle sera presque insensible, et l'on aura si peu de conduite et de direction pour poser le Style suiuant l'axe du monde qu'il faudroit n'estre gueres exact pour s'en tenir là ; et qui feroit vn Quadran par cette maniere en ce temps-là, courroit fortune d'y trouuer Midy à quatorze heures, s'il n'estoit vn tiercelet d'Ange pour ne manquer en rien : Car le moindre destour que son Style prendroit, guidé par si peu de longueur, et ne pouuant estre appliqué vray semblablement sur vn poinct Physique, ou aboutissent des verges cy-dessus, causeroit de tres-grandes fautes dans les traits de toutes les heures, comme on peut aisement juger, sans qu'il soit besoin de le dire, puis que auec toutes les justesses qu'on peut obseruer, l'on a autant de peine à trouuer la verité en cette matiere qu'en aucune autre pratique ou vsage de Mathematiques.

Or pour faire voir le peu de conduite qu'on auroit par cette maniere pour la position du Style,

non seulement aupres des Equinoxes, mais en
presque toute l'année, et combien la ligne AO de
la 3. figure cy-dessus seroit courte, de laquelle
pourtant dépend toute la construction du Quadran,
soit en la cinquiéme figure A le centre du monde
ou l'extremité du Style et des deux verges de l'Autheur. RAS le cercle Equinoctial, MAN le cone des
rayons du Soleil en la plus grande declinaison ou
en ses tropiques. FAG le cone du Soleil a sept degrez pres des Equinoxes : AO l'axe dudit cone ou
longueur du Style requise ou determinée. Il est
constant que si on suppose les rayons AF. AC. AG
en la deuxiéme figure, et en celle cy de 10 pouces
de longueur (qui est assez considerable pour de
grands Quadrans, et qui seroit mesme excessiue
en certains plans) on trouuera que AO ne sera pas
de demy pouce. Donc voila 15 jours pendant chaque Equinoxe ou vn mois en l'année, que pour
toute direction et conduite de la position du Style
(les rayons retranchez FA. AG estans de dix pouces
chacun) on n'aura pas vn demy pouce de longueur ;
et apres des Equinoxes rien du tout de sensible. Or
jugez maintenant si c'est assez aux hommes, qui ne
sont pas des Anges pour faire justement tant d'autres operations qui dépendent de celle-là comme

la principale, et si vn petit erreur commis en cét
endroit ne mene pas bien loin, et ne fait pas tracer
de fausses lignes Horaires. Poursuiuons le calcul
lors que la declinaison FR sera de 5 degrez 45 mi-
nuttes, c'est quand le Soleil sera esloigné des Equinoxes de 14 degrez et demy, l'axe AO ne sera pas
d'vn pouce, qui est enuiron deux mois de l'année.

Et lors que la declinaison sera de 11 degrez et
demy, ladite AO n'aura pas encores deux pouces,
qui sera pendant quatre Signes ou le tiers de l'année.

Ce n'est pas encores tout, il n'y a que le calcul
qui donne cette precision et longueur exacte; car
la cherchant mechaniquement auec la regle et le
compas, en coupant la ligne AO de la 3. figure par
le cercle FA, le demy diamettre FA sera si approchant de la longueur FO, que la section de l'arc
sera infiniment oblique, et par consequent le
poinct A tres-difficile à determiner, l'esloignement
duquel au poinct O est pourtant de telle conse-
qnence, que s'il est tant soit peu plus haut ou
plus bas qu'il ne doit, il variera tres-sensiblement
la droite position du Style, veu le peu de longueur
qu'il y a pour le dresser et affermir en sa vraye
situation.

Apres cela s'il y a quelqu'vn qui vueille soustenir cette maniere aisée, seure et pratiquable (quoy que demonstratiue en certain temps, mais non vniuerselle.) Il faut qu'il soit des *contemplatifs* dont parle cét Autheur, et qu'il n'aye fait des Quadrans qu'en vision et par raisonnement, puis que les verges, les bastons, les regles, les compas, les esquierres estans materiels, demandent du sensible, qui ne se trouue pas en ce que dessus, non plus qu'a faire vn cercle qui ne touche vne droite qu'en vn poinct, ou qui ne puisse conuenir auec aucunes parties d'Ellipse. Mais la pratique de ces choses estant aussi differente de la speculation que les plans des murailles, du creux de nos ceruelles, les verges et regles, compas des lignes intellectuelles : et finalement nos bras et nos mains de nostre entendement. On peut asseurer auec verité, que cette maniere vniuerselle n'est qu'vne idée, ou comme parle l'Autheur mesme vn projet broüillon, qui n'a jamais eu et ne sçauroit auoir (auec facilité) d'existance en pratique, et que celuy qui l'a proposé n'a pas pris encores la peine de faire beaucoup de Quadrants par sa propre Methode, et que s'il en a fait quelquesfois (dont il donne lieu de douter) ce n'est que par celle de Bullant.

Ie ne parle pas aussi des difficultez et pertes de

temps qui sont extremes et ineuitables en cette recherche de Style, comme d'auoir *diuerses verges fermes, de longueur conuenable, et qui ayent chacune vne viue arreste en ligne droite de son long,* les faire tenir *fermement* dans le plan qui sera peut-estre du bois, vn marbre, vne ardoise, ou muraille de brique, de pierre, ou qui aura quelque gros cailloux à l'endroit qu'il les faudra *sceller,* comme sont les plus beaux Quadrans de Paris, aux Iesuites, à l'Oratoire, aux Iacobins, Capucins, etc., puis de faire boucher tous les trous et en faire de nouueaux, c'est à dire en vn mot gaster son plan pour poser ledit Style, qui n'est pas peu de chose à le bien arrester suiuant sa direction, trouuée auec *de bons fils de metail entortillez ausdites verges :* Et finalement tracer le Quadrant, le tout auec plus de longueurs, d'embarras et moins de iustesse (attendu la diuersité d'opperations) que par les pratiques ordinaires conduites par bonne theorie. Et ce qui m'estonne et surprend plus que tout, et qui surprendra force monde, c'est que l'Autheur ayant promis et mis aux titres de sa Methode qu'il ne se sert que de la regle et compas, de l'esquierre et du plomb, rejettant par consequent tout autre secours et outil, il employe neantmoins *plusieurs verges de fer à viue arreste de diuerses longueurs*, suiuant les Quadrans qu'il veut faire, qui sont autant ou plus difficiles à trouuer, que beaucoup d'instrumens dont on se sert par fois en cette science, et non moins incommodes à porter que le trousseau des piquets des Iurez Arpenteurs, sans parler *de ses fils de metail entortillez et balancez*, choses plus mal-aisées à manier et mettre en pratique que de bons preceptes ordinaires qui monstrent à tracer par effect des Quadrans auec le compas, la regle et le plomb, qui est encores moins que luy, de l'esquierre, quand il n'employeroit *ny fil de metail, ny verges à viue arreste ;* et neantmoins il semble à l'ouïr dire qu'on se serue d'armilles, d'Astrolabes, de Spheres, ou de quelques outils de la Chine. Et si apres tout quand le Quadrant sera tracé par sa Methode, ou par quelque autre que ce soit auec les seules lignes Horaires, le plus sçauant y manque, qui sont les lignes du Zodiaque, ou le chemin de l'ombre de quelque poinct du Styl et Essieu, le long de l'année. Il est vray qu'en vne demie feüille de papier *et projet broüillon,* on ne pouuoit pas donner vne *maniere vniuerselle ou execution mechanique* de toute cette science, et particulierement à ceux qui n'en sça-

uent encores rien, pour lesquels seulement il semble que cét Autheur a deu escrire (quoy qu'ils auront peine à l'entendre) et non pour les habi-
les *contemplatifs,* qu'il a deu supposer, sçauoir
desja toutes ces choses, ou les entendre à demy
mot.

Mais pour les contenter et vous aussi auant que
de finir ce discours, il me prend enuie de vous
descouurir vn secret de faire vniuersellement et en
tout temps ce que cét Autheur a proposé, sans le
pouuoir executer comme vous auez veu, qui est
le moyen de poser le style parallele à l'Essieu du
monde par trois obseruations d'ombres en mesme
iour; Secret tellement au dessus du sien, soit par
la facilité de la pratique, soit pour la justesse et
promptitude; Que s'il estoit tombé en sa pensée,
comme il a fait en celle d'vn autre, qui le rendra
public quelque iour auec d'autres ouurages, il en
auroit fait de Grands venez y voir, et l'auroit
sans doute affiché par tous les carrefours de la
ville.

MANIERE DE POSER LE STYLE D'VN QUADRAN PARALLELE A
L'ESSIEU DU MONDE, PAR L'OBSERUATION DE TROIS OMBRES
EN MESME IOUR, SANS COGNOISTRE L'ESLEUATION DU POLE,
NY LE LIEU DU SOLEIL, NY LA DECLINAISON OU INCLINATION
DE LA SUPERFICIE.

Apres auoir placé dans le mur ou surface quelconque vn Style perpendiculaire ou incliné droit
ou tortu ou de quelque figure que ce soit, dont la
pointe par exemple soit A (en la ?. figure) et apres
en auoir obserué les trois ombres au poinct BCD
en mesme iour il faut tendre et faire tenir à la
main par quelqu'vn, ou par de petits clous selon
l'occurence du lieu deux regles ou filets AB. AD.
et sur les trois poincts FCG, également distans du
bout du Style A, attacher trois autres fillets de
mesme longueur plus grande ou plus petite que
FA) selon les diuerses rencontres, pourueu qu'on
les puisse joindre, la plus grande sera toûjours
meilleure, sçauoir deux au poinct FG des filets
AB AD et l'autre sur le mur au poinct C par quelque clou ou par la main.

Cela fait il faut joindre ensemble lesdits filets
de pareille longueur par le bout (comme en la

figure 4. ils se ioint au poincl O) duquel poinct tirant vne ligne ou passant vne verge ou filet par dessus le poinct A elle sera le Style requis que l'on continuera jusques sur la surface du Quadran s'il est necessaire et qui s'appuyera sur le Style ou verge premierement posée pour obseruer les ombres, la construction du Quadran se pourra faire par apres comme il a esté dit cy-dessus.

Or cette maniere de poser le Style est d'autant preferable à l'autre que l'or est preferable au fer, 1. par la beauté et brefueté de sa demonstration si facile à comprendre que la moindre cognoissance qu'on a des coniques l'a fait incontinent deuiner, 2. parce qu'elle ne gaste point le plan ou surface du quadran par aucun trou inutile, et qu'il faille boucher. 3. parce qu'elle n'employe point de verges à *viue arreste* pareillement inutiles et tres difficiles à incliner selon les rayons du Soleil, et arrester fermement en cette situation, mais seulement les necessaires et qui doiuent demeurer. 4. parce qu'elle éuite la construction de la 3. figure et la recherche de la ligne OA, où se peuuent glisser des fautes 5. parce qu'elle n'assujetit point la position du Style en la 4. figure sur vne petite longueur, còme AO, mais qu'elle trouue le poinct

O tant esloigné qu'elle veut du poinct A pour auoir vne plus grande direction, ce qui se fait en allongeant de plusieurs façons et à diuerses fois les trois filets FO. CO. GO. et les assemblant mesme au deçà et au delà du poinct A. En sixiéme lieu, parce qu'elle est vniuerselle, et qu'il n'y a point de temps en l'année, soit des Equinoxes ou autre qu'on ne la puisse pratiquer auec beaucoup plus de facilité, promptitude et justesse, que celle dont j'ay remarqué les defauts, et neantmoins on n'en fait pas vne pierre Philosophale, comme ceux qui sans voir les liures, ou conferer auec les autres, trouuent dans leur esprit quelque petite chose, l'estiment aussitost grande et miraculeuse, ne s'imaginans pas que personne aye eu de semblables pensées. Faute que j'ay souuent remarquée aux demy sçauans, prouinciaux, contemplatifs, non praticiens et peu communicables.

Voila donc les obseruations que vous auez souhaittées de moy sur cette matiere de la part de cette personne de condition qui s'y plaist et l'entend : Quant à l'Autheur il est si honneste homme, et fait profession d'estre si juste et raisonnable, qu'il trouueroit tres-bon s'il venoit à sa cognoissance, qu'on eut examiné son *Geometrie et le pratique* auec douceur et sans passion, puis qu'il en fait la priere en toutes ses œuures *de leçons de tenebres, broüillons, placards, atteintes,* et qu'il le monstre par exemple aux ouurages d'autruy : Neantmoins mon intention n'estant pas *d'en estre remercié par escrit public,* comme il promet de faire *en temoignage de ressentiment d'vne obligation perpetuelle, ceux dont la courtoisie honorera de corrections les manquemens de ses ouurages.* Ie vous prie d'en vser selon la charité, et de ne procurer pas cette gloire à mon humilité.

Le dixiéme jour d'Aoust 1641.

———

(Ce recueil de libelles contre Desargues se termine par une lettre de Monsieur Beaugrand, secrétaire du Roi, sur le Traité des sections coniques
de Desargues. Elle est datée du 20 juillet 1640, elle
renferme 9 pages in-4°, avec sa pagination particulière.

Nous croyons devoir donner le texte de cette
lettre intéressante, parce qu'elle est le premier
écrit qui a servi au général Poncelet à reconnaître
le mérite de Desargues, et malgré qu'elle soit une
critique fort injuste de son ouvrage.

Beaugrand n'était pas un homme sans connaissance mathématique, il était en relation avec beaucoup d'hommes distingués dans les sciences ; il a
publié plusieurs ouvrages actuellement peu connus, qui sont :

1° Un commentaire sur le principal ouvrage
analytique de Viete, sous le titre In isagogem F. Vietæ scoliæ, in-24, 1631 ;

2° Un commentaire sur la Cycloide ;

3° Une géostatique, ouvrage dont il est beaucoup parlé dans les Lettres de Descartes qui refusa
longtemps de lire cet ouvrage, mais qui enfin,
vaincu dans sa résistance, le trouva plus mauvais
qu'il ne l'avait supposé ;

4° Enfin il parle dans cette lettre d'une démonstration du centre de gravité du triangle qu'il a
mis dans le livre intitulé *Archimedes contractus*.

Beaugrand se faisait remarquer par sa jalousie et
son animosité contre Desargues ; aussi Descartes
disait-il de lui, qu'il ne pouvait rien sortir de bon
d'un tel homme.

Voici cette lettre :)

(6) LETTRE DE M. DE BEAUGRAND,

secrétaire du **Roi, sur le sujet des feuilles** intitulées :

BROUILLON PROJECT D'VNE ATTAINTE AUX EUENEMENTS DES
RENCONTRES DU CONE AUEC VN PLAN, ET AUX ÉUENEMENTS
DES CONTRARIETEZ , D'ENTRE LES ACTIONS DES PUIS-
SANCES.

Par le S. G. D. L. auec privilege, 1639.

———

Monsieur,

Puisque vous estes curieux de ce que l'on nomme
les belles lettres, il n'est pas que vous n'ayez remarqué, ce que Dion rapporte de Tibere, que s'estant ressouuenu vne nuict, d'auoir employé dans
vn édict vn mot, qui n'estoit pas dans les bons auteurs : il fist assembler les premiers de son siecle,
pour scavoir d'eux si à l'aduenir on pourroit s'en
seruir et le mettre en vsage. La plus part d'entr'eux
ayant raisonné sur ce suject, et tesmoigné qu'ils
etoient d'aduis de le receuoir, et d'en augmenter

leur dictionnaire, vn certain Marcellus appuya de plusieurs raisons l'opinion contraire, et enfin s'adressant à l'Empereur, lui dit hardiment, *hominibus CESAR ciuitatem dare potes, verbis non potes* : ce rencontre me faict espérer que vous n'vserez pas enuers moy, de moins de douceur que fist Tibère à l'endroit de ce Marcellus, et que vous excuserez ma liberté, si ie n'excuse point celle de L'Amy qui, dans les *Projects-Brouillons* qu'il a mis au jour, ne s'est pas seulement contenté de substituer des termes barbares, en la place de ceux qui sont receus par les sçauans, mais a voulu aussi en introduire qui sont entierement ridicules. Certes, il est impossible à ceux qui sçauent la science sur laquelle il a voulu débiter ses pensées de s'empescher de rire en considerant *ses rameaux droits, pliez et desployez, ses branches moyennes et couplées, ses couples des brins relatiues ou gemelles entr'elles, ses nœuds moyens, simples, les moyens doubles, les extremes intérieurs, extérieurs, les rectangles gemeaux, les relatifs, les bornales droictes,* et vne infinité d'autres termes qui sont plus capables de mettre les esprits en *inuolution* ou d'en faire des *souches réciproques*, que de leur donner quelque nouuelle lumiere dans les mathématiques. Il est vray que

lorsque l'on communique au public des nouuelles
inuentions, ou que l'on escrit sur des nouuelles matieres, il est quelquefois vtile de trouuer de nou -
uelles paroles pour s'expliquer plus briefuement
pour n'estre obligé d'vser d'vne circonlocution
ennuyeuse. Toutes fois il faut tousiours y apporter
ce tempérament de n'en introduire pas d'auantage
qu'il est nécessaire pour rendre nostre expression
plus nette et plus intelligible. Mais s'il n'est question que d'*vne atteinte aux éuenements des rencontres du cone auec vn plan* n'est pas une marque
d'vn esprit insolent ? Ou bien dépourveu de la lecture des bons liures de vouloir rejetter la façon de
parler d'Euclide, d'Apollonius et d'Archimede,
pour mal appliquer celle des charpentiers et des
massons à vn object dont la délicatesse, et l'excellence est infiniment au-dessus de celle que l'on desire dans leurs ouurages : pour moy ayant leu auec
attention les dix premières pages de la susdite atteinte, qui font exactement le tiers de l'œuvre en
tière et reconnu qu'il n'y auoit autre chose qu'vne
proposition qui est parmy les lemmes du liure de
la section déterminée dans le septiesme de Pappus, je ne puis vous celer qu'il m'est venu en la
pensée que L. S. D. affectoit cette façon de mal

parler en mathématique, non-seulement pour ne
sçauoir pas la bonne, mais aussi afin que lorsqu'il diroit ce qui est ailleurs, il y eut plus de
peine à le reconnoistre. Et d'autant qu'il y a de la
charité à désabuser ceux qui se pourroient emba-
rasser de son iargon, et leur monstrer combien il
est contraire à la netteté et à la brièueté qui est requise en l'expression des propositions mathematiques, ie veux mettre icy vne paraphrase de la susdite proposition de Pappus, qui comprend le tiers
de son ouurage, laquelle auec sa démonstration et
tout ce qui sera nécessaire pour l'expliquer plaine-
ment aura de la peine à remplir l'espace d'vn
feuillet. C'est celle qui suit.

Si en la droicte infinie AB, les rectangles ADC,
BDE sont esgaux, ie dis que BD est à DE, comme le
rectangle ABC est au rectangle AE, et qu'aussi AD,
est à DC, comme le rectangle BAE, est au rectangle
BCE, (voyez la 1re figure) car puis que le rectangle
ADC, est esgal au rectangle BDE, il y aura mesme
proportion de AD à DB que de DE à DC, et en prenant la somme, ou la différence des antecedens ou
des consequents, AE sera à BC, comme AD à BD, et
comme DE à DC, de rechef à cause de l'egalité des
deux mesmes rectangles ADC, BDE il y aura sem-

blables proportion de AD à DE, que de BD à DC,
partant si on prend la somme ou la difference des
antecedents et des consequents il y aura mesme
proportion de AB à CE que de AD à DE et que de
BD à DC. Or est-il que de ce que nous auons cy-
dessus demonstré, il s'ensuit que la raison de BC à
AE est esgale à la raison, de DC à DE : par consequent la raison de BD à DC plus la raison de DC à
DE sera esgale à la raison de AB à CE, plus la raison de BC à AE. Mais les deux premieres raisons
sont esgales à celle de BD à DE, et les deux dernieres à la raison du rectangle ADC au rectangle
AEC. Doncques BD, est à DE comme le rectangle
ABC est au rectangle AEC qui est la premiere partie de la proposition. La seconde se prouue ainsi.
Puis que nous auons fait voir que la raison de AD
à DE est esgale à la raison de BA à CE et la raison
de DE à DC à la raison de AE à BC, il est euident
que la raison de AD à DE, plus la raison de DE à
DC, c'est à dire la raison de AD à DC est esgale à la
raison de BA à CE, plus la raison de AE à BC,
c'est à dire à la raison du rectangle BAE au rectangle BCE, doncques DA est à DC, comme le rectangle BAE au rectangle BCE qui est tout ce qu'il
falloit demonstrer. Obseruez qu'il y a trois cas seu-

lement en ceste proposition. Le premier est quand les points A, C, sont tous deux d'vue part du point D, et les points B, E tous deux de l'autre part du mesme poinct. Le second lors que le poinct D, est entre les poincts A, C, et qu'il est aussi entre les poincts B, E. Le troisiesme quand les poincts A, C, et les poincts B, E sont tout de mesme costé au regard du point D, car si les poincts A, C, et les poincts B, E estoient situez d'autre façon les vns au regard des autres, ceste proposition n'auroit pas lieu. Or par le mesme raisonnement il est facile de prouuer que si les rectangles ABC, BDE, sont inesgaux, il n'y aura pas mesme raison de BD à DE que du rectangle ABC au rectangle BEC, n'y de AD à DC que du rectangle BAE au rectangle DEC, d'ou il s'ensuit parce qu'Arïstote nomme consecution renuersée, que si BD est à DE, comme le rectangle ABC, au rectangle AEC, ou AD à DC, comme le rectangle BAE, (voyez la 11 figure). Au rectangle BCE les rectangles ADC, BDE seront esgaux, d'autant que s'ils estoient inesgaux il n'y auroit pas mesme raison de BD à ED, que du rectangle ABC, au rectangle AEC, n'y de AD à DC que du rectangle BAE, au rectangle BCE. Ce qui est contre l'hypothese. De cette proposition de

Pappus il est manifeste que si on prend vn troisiesme rectangle comme FDG esgal à chacun des
deux premiers, à sçauoir ADC, BDE, il y aura
mesme proportion du rectangle AFC au rectangle
AGC que du rectangle BFE au rectangle BGE. Item
du rectangle ABC au rectangle AEC que du rectangle FBG au rectangle FEG, et du rectangle FAG
au rectangle FCG, que du rectangle BAE au rectangle BCE. Car d'autant que le rectangle FDG est
esgal au rectangle ADC, FD est à DG comme le
rectangle AFC au rectangle AGC et à cause de l'e-
galité des rectangles FDG, ADC, il y aura aussi
mesme raison de FD à DG que du rectangle BFE
au rectangle BGE, doncques le rectangle AFC est
au rectangle AGC comme le rectangle BFE au rectangle BGE. Les deux autres analogies se desmon-
trent de la mesme façon. Et voilà tout ce qui
est contenu dans le tiers de ce grand *broüillon-
project*. Car, pour ce qui est des differents cas
et des conséquences qui se tirent lors que quelques-vns de ces poincts s'vnissent entr'eux, il
n'est pas nécessaire de les particulariser, puis que
cela peut estre aysement faict par ceux qui ont
appris les premiers élémens d'Euclide. Tout ce
qui reste à considerer, est que pour ne s'abuser

point aux analogies précédentes, il faut distribuer
les trois couples de poincts F, G, B, E, A, C,
en sorte que l'vne d'entr'elles soit toujours au milieu des termes de ces analogies, et qu'il n'y ait vn
mesme poinct au milieu des termes analogics,
comme en la première analogie F, est au milieu
des antecedens, et G, au milieu des conséquents.
En la seconde analogie B, est au milieu des antecedens, et E, au milieu des consequents et de
mesme en la troisiesme. Après cela il faut mettre aux extremitez de la premiere raison l'vne
des couples de poincts qui restent, et l'autre cou-
ple doit estre placé aux extremitez des termes de
la derniere raison. Ainsi vous voyez qu'en la premiere analogie AC est aux extrémitez des termes de
la premiere raison, et BE aux extremitez des termes de la seconde, de mesme qu'en la seconde
analogie AC est aux extremitez des termes de la
premiere raison, et FG aux extremitez des termes
de la seconde ; au reste, c'est en ces trois analogies
que consiste ce que le S. D. nomme hors de propos
inuolution de six poincts, laquelle se peut reduire
à cinq, et quelquefois à quatre. Car, puis que *inuoluere* signifie entortiller, enuelopper, ou bien par
translation obscurcir *inuoluere diem nimbis*, etc., il

est certain que inuolution signifie plustot vn embarras et vne confusion qu'vn ordre tel qu'il doit
estre entre les poincts suiuans les lois cy-dessus
prescrites. Peut-estre que le peu de différence qui
est aux syllabes d'inuolution et d'euolution luy a
faict prendre vn mot pour l'autre, bien que leur signification soit contraire, celuy-cy signifiant assez
souuent expliquer et éclaircir vne chose obscure,
ainsi que l'on voit par le tiltre que Lipse donne à
l'vn de ses dialogues sur Polybe, où il met pour
faire vne allusion *inuoluta quædam linij super or-
dine euoluta,* etc. Quoy qu'il en soit, ou il s'est
trompé au mot, ou il s'est abusé en la chose Il
semble plus raisonnable de dire que ces poincts
font une euolution, que de dire qu'ils sont en inuolution, et cela auec d'autant plus de raison que
le mot d'euolution est en vsage dans la partie des
mathematiques que l'on nomme tactique, et que
mesme il y a quelque peu de rapport de l'euolution
Macedonique à ce que nous voulons icy exprimer,
au lieu que le mot d'inuolution n'est point en vsage
en Latin et qu'il y est fort peu en françois. Néant-
moins, pour dire ce qui en est, on peut se passer de
l'vn et de l'autre, et puis qu'il y a vne infinité de
differentes analogies qui se peuuent former de

quatre rectangles, ou d'autres quantitez, si on vouloit introduire des termes pour les exprimer chacune en particulier, il n'y en auroit pas assez en
toutes les langues du monde pour en finir autant
qu'il seroit necessaire. Mais c'est demeurer trop
longtemps en inuolution, faisons vne euolution
pour nous en tirer et combattre les autres monstres qui rendroient les mathematiques ridicules si
nous ne les estouffions en leur naissance. Toutefois
ie ne croy pas que cela soit extremement nécessaire. Ne me flattez point, dittes-moy sans mentir,
pourroit-il se trouuer encore vne personne si peu
iudicieuse qui jugeast mieux de dire *égalation* que
parabole, *outrepassement* ou *excedement* que hyperbole; *défaillement* que ellypse, *rond* que cercle,
cornet que cone, etc. Ces termes icy sont grecs, et
la pluspart de ceux-là ne sont ny François, ni Alle-
mans. En verité, ie ne voy point qu'il ayt reüssi en
aucun de ses noms imposez, si ce n'est en celui
de *broüillon* qu'il a pris pour le tiltre de son liure.
Ie pourrois iurer en conscience que ie n'en ay leu
aucun ou il eust moins d'ordre et plus de confusion, ny qui meritast mieux d'estre ainsi nommé.
Il sera donc plus à propos de retourner à la chose,
et de monstrer que la proposition qui faict la plus

grande partie du surplus de ce broüillon, n'est
qu'un corollaire de la 17 proposition du 3 des Coniques d'Apollonius. On ne pourra pas douter que
ce que ie n'ay démonstré en peu de lignes, ne soit
la mesme proposition, pour la composition de laquelle il lui a fallu faire cette ample prouision d'*arbres,* de *troncs,* de *souches,* de *racines,* etc., la voicy
couchée presque aux mesmes termes qu'elle est
dans les thèses de Monsieur B. P. que ie choisis,
pour que si ie la transcriuois comme elle est dans
le broüillon, et qu'il me fallust nommer *déffaille-
ment* ce que l'on entend par ellypse, i'aurais peut-
estre de la peine à me garentir de quelque syncope
ou défaillance de cœur.

Si on prend les quatre points K, N, O, V, dans
la section conique KNGOVF, et que l'on tire les
quatre droictes KN, KO, VN, VO, tellement qu'il
parte deux droictes et non plus de chacun de ces
poincts, et puis que l'on tire en telle façon que l'on
voudra la droicte FACG, EB, ie dis que comme
le rectangle FAG est au rectangle FCG, ainsi le
rectangle BAE est au rectangle BCE.

Ayant tiré par le point C la droicte RQ paralelle
à NV, il y aura par la 17 prop. du 3 (voyez la III et
IV figure) d'Apollonius mesme raison du rectangle

NPV, au rectangle QCR, que du rectangle KPO au
rectangle KCO et adioustant de part et d'autre la
raison du rectangle NAV au rectangle NPV, il s'ensuit que la raison du rectangle NAV au rectangle
QCR, c'est à dire, par la mesme proposition celle
du rectangle FAG au rectangle FCG, sera esgale à
la raison du rectangle NAV au rectangle NPV, plus
la raison du rectangle BAE au rectangle BCE composée des deux mesmes raisons : Car par la proposition demonstrée dans le premier liure de l'Alma-
geste de Ptolemée, la raison de AB à BC est esgale,
à la raison de AM à NP, plus la raison de PK à
KC, et par la mesme proposition, la raison de AE à
EC est esgale à la raison de AV à VP, plus la raison
de PO à OC, et adioustant raisons esgales, à raisons esgales, il est euident que la raison du rectangle BAV au rectangle BCE est composée de la raison du rectangle NAV au rectangle NPV, et de la
raison du rectangle KPO au rectangle KCO, doncques le rectangle FAG est au rectangle FCG,
comme le rectangle BAE au rectangle BCE. Qui
est-ce qu'il falloit demonstrer. Adioustons que par
le mesme raisonnement on prouue que le rectangle
FBG est au rectangle FEG comme le rectangle ABC
au rectangle AEC. Mais au lieu de RC qui est pa-

ralelle à NV (voyez la v figure) il faut tirer par le
point E la droite TX paralelle à KN. Car d'autant
que le rectangle NSK est au rectangle XET, comme
le rectangle VSO au rectangle VEO, si nous adioustons de part et d'autre la raison du rectangle NBK
au rectangle NSK, il s'en suit que la raison du rectangle NBK au rectangle XET c'est à dire la raison
du rectangle FBG au rectangle FEG est composée
de la raison du rectangle NBK au rectangle NSK,
et de la raison du rectangle VSO au rectangle VEO.
Or la raison du rectangle ABC au rectangle AEC
est composée des mesmes raisons. Doncques le rectangle FBC est au rectangle FEG, comme le rectangle ABC au rectangle AEC, qui est ce qui estoit
proposé, les mesmes choses supposées, prouuons
aussi que le rectangle AFC est au rectangle AGC
comme le rectangle BFE au rectangle BGE. Car
puisque L. S. D. a passé sous silence cette analogie
qui est plus considerable que les precedentes il
aura eu sans doute quelque *euenements de contra-*
rietez, en recherchant sa demonstration, bien
qu'elle ne soit pas difficile. Prenez le point D, sci-
tué sur la droicte FG, en telle sorte que les rectangles FDG, ADC, soient esgaux. Cela estant ou le
rectangle BDE est esgal à chacun de ces rectangles

esgaux ou bien inesgal, s'il leur est esgal, ce que nous voulons prouuer est euident, par le corrollaire de la proposition de Pappus cy-dessus expliquée. Et s'il est inesgal, il n'y aura pas mesme raison de AD à DC que du rectangle BAE, (voyez la vɪ figure) au rectangle BGE. Or est-il que les rectangles FDG, ADC estant esgaux, AD est à DC comme le rectangle FAG au rectangle FCG, doncques en ce cas le rectangle FAG n'est pas au rectangle FCG, comme le rectangle BAE au rectangle BCE, ce qui est absurde et contre ce que nous venons de monstrer tout presentement : par consequent le rectangle AFC, est au rectangle AGC, comme le rectangle BFE au rectangle BGE, qui est ce que nous desirons demonstrer. Ie ne fais point de probleme particulier pour trouuer le point D, pource que si nous supposons la chose desia faicte c'est à dire que les rectangles FDG, ADC soient esgaux, il y aura par la precedente proposition de Pappus mesme raison de BD à DE, que du rectangle ABC au rectangle AEC. Mais les poins A, C, B, E, sont donnez. Par consequent la raison du rectangle ABC au rectangle AEC est donnée, d'ou il s'en suit que la raison de BD à DE est donnée et que le point D est aussi donné : ainsi qu'il est demonstré dans les Dedomenes d'Euclide.

Auant que de finir, disous vn mot sur l'annexe du *broüillon* qu'il nomme suiuant son style cro-tesque *atteinte aux euenements des contrarietez d'entre les actions des puissances ou forces*, et prou-uons que ce qu'il a dit sur ce subiet est entierement faux et erroné : mais d'autant que ie connois l'hu-meur de l'autheur ie veux me seruir de la démons-tration qui conduit à l'absurde, laquelle est la plus propre pour convaincre les opiniastres, et affin d'estre obligé à moins de discours, nous commen-cerons nos conséquences d'ou il y a finy celles qu'il a tirés de son mauuais principe. « *Le sur-plus, dit-il, des conséquences qu'on peut déduire de cette pensée, et que de la suit que si les graues de ce monde tendent au centre de la terre, le cen-tre de grauité d'vne boule permanente en vne po-sition est en la diametrale commune à la terre et à la boule au point couplé au centre de la terre en inuo lution auec les deux poincts que donne la surface de la boule et s'ils tendent à vn but à distance infinie le centre de grauité de la boule et son centre sont vnis entr'eux.* « Cela veut dire que si le point F repré-sente le centre de la terre, D celuy d'vne boule ou sphere, et que la droicte qui conjoinct ces deux

poincts rencontre la surface sphérique aux poincts
A, B, et que après cela on trouue DG qui soit troisiesme proportionnelle aux droictes. DF, DA, la
boule qui a pour son centre de grandeur le point
D aura le point G pour le centre de sa pesanteur.
(Voyez la vII° fig.) Car les trois rectangles FDG,
ADA, DBD estant esgaux, il y aura suiuant son
jargon, vne *inuolution entre les quatre poincts F,*
A, G, B, or d'autant que le point G peut estre placé
aussi bien entre B, D, qu'entre D, A, il s'ensuit suiuant le fondement, que la sphere aura non–seulement deux centres de grauité en cette scituation,
mais aussi qu'en cette distance du centre de la terre,
elle aura autant de centres de grauité qu'il y a de
poincts en la surface de la sphere qui a pour demi diametre DG, il s'ensuit aussi que le centre de
la grauité de la sphere s'esloignera à mesure qu'elle
s'approchera du centre de la terre. Car en s'approchant du centre de la terre la ligne DF dimi-
nuera, et DA demeurant toujours la mesme; il est
hors de doute que DG qui est leur troisiesme proportionnelle s'augmentera. Et lorsque la surface de
la sphere sera au centre de la terre, les centres
de grauité de la sphere seront en sa surface, pour
ce qu'en ce cas le point F sera vny au point A.

Or est-il qu'vn graue est en son repos, lorsque son centre de grauité est au centre de la terre. Doncques la sphère estaut vnie au centre de la terre par la surface, elle sera en son repos et n'aura point d'inclination à passer plus outre. Ce qui est vne si haute absurdité, que ie ne croy pas qu'il y ait aucun si peu versé dans la science des forces mouuantes qui voulust admettre le principe duquel elle se desduit nécessairement. Mais puisque la boule en cest estat a de la résistance à passer au-delà du centre de la terre, poussons là vn peu afin que (Voy. la viii⁰ fig.) le point F soit entre les points D, A. D'autant que le rectangle FDG doit estre égal à l'vn et l'autre des quarrez AD, DB, il est certain que la sphere en cette scituation aura son centre de pesanteur au dehors d'elle-mesme. Et par conséquent voilà la demande d'Archimede refusée, à sçauoir *omnis figuræ cujus perimeter sit ad eandem partem cauus centrum grauitatis intra figuram esse oportet*, et pource qu'Archimede s'en sert plus souuent que de pas vne autre, la plus part des propositions du liure des choses esgalement pesantes demeureront sans fondement. Mais ce qui est le plus à considerer, est que l'on peut tant approcher le centre de la sphere du centre de la terre, que vous esloi-

gnerez les centres de gravités de la sphère autant
qu'il vous plaira de son centre de grandeur. Et
mesme si vous faictes en sorte que le centre de la
sphere et celui de la terre soient vnis, alors ou la
sphère n'aura aucun centre de grauité, ou bien
ses centres de grauité seront infiniment esloignez
du point D, ce qui est vne absurdité d'autant plus
grande que la précédente, que le finy est surpassé
parce qui est infiny. Il adjoute que le centre de
grauité seroit le mesme que celuy de sa grandeur,
si le point ou tendent les graues estoit infiniment
esloigné d'eux : mais puisque la nature ne faict
rien en vain, il est certain, que les graues ne peuuent auoir vn but ainsi qu'il dit à distance infinie.
Car l'inclination qu'ils auroient de s'y rendre seroit
superfluë, puis qu'ils ne pourroient jamois y arriver. Ce ne pourroit pas estre en vn instant, puis
qu'il faudroit qu'en vn instant vn mesme corps
peut occuper vne infinité de lieux, et il est impossible qu'vne distance infinie soit parcouruë durant
vn espace d vn temps finy, il faudroit donc dire qu'ils
employeroient vn temps infiny pour y arriver, ce
qui est le mesme que si on asseuroit qu'ils n'y ar-
riveroient jamais. Doncques le centre des graues ne peut pas estre infiniment esloigné d'eux, et

le centre estant esloigné d'eux d'une distance limi-
tée, le centre de gravité d'vne sphere ne sera pas en
la scituation que L. S. D. luy a voulu donner. Et
puis qu'il est euident que ces conséquences se dé-
duisent de son principe, il faut conclure qu'il
est totalement faux et erroné, qui est ce qu'il falloit demonstrer. Ce rencontre et plusieurs autres
m'ont fait connoistre par experience qu'Archimede
estoit vn des plus puissants genies que la nature ait
jamois produit, et qu'il est impossible de contre-
dire ses principes sans se précipiter dans vn laby-
rinthe d erreurs ; si ceux qui nous ont précédé
auoient définy généralement le centre de grandeur
d'vne figure, il mé seroit facile de prouuer que le
centre de grauité n'est que la mesme chose, mais
ce sera pour vn discours plus estendu que celuy-
cy. Cependant pour vous diuertir, ie veux vous
donner vne nouuelle demonstration du centre de
grauité du triangle que j'ay mis dans le liure intitulé *Archimedes contractus*, il est vray qu'vn abregé
seroit suffisant pour vous, toutesfois ie ne lairray
pas de la mettre au long ainsi qu'elle est dans le
liure susdit, afin que si vous la faictes voir à quel-
qulun qui soit moins versé que vous en ces ma
tieres il n'y ait rien qui le puisse arrester.

Lemne. — Les lignes parallèles diuisent toutes les lignes qu'elles couppent en mesme proportion : Guid-Vbald a demonstré cette proposition en son commentaire sur la 12ᵉ proposition du liure d'Archimede *de Æquiponderantibus*. Je la demonstreray icy d'vne autre manière, sans avoir besoin de la 2 du 6 (ıx figure) soient les lignes HBG, NIM, rencontrées par les paralelles NH, IB, MG. Ie dis que comme IN est à IM, ainsi BH est à GB. Soient iointes les lignes NB, HI, BM, IG à cause du parallelisme sur des GM, IB, NH, les triangles BIH, IBN seront égaux entr'eux, comme anssi les triangles GIB, MIB, et le triangle IBN sera au triangle MIB sera comme le triangle BIH au triangle GIB. Mais comme le triangle IBN est au triangle MIB, ainsi IN à IM. Et comme le triangle BIH au triangle GIB, ainsi BN à GB. Doncques comme IN à IM, ainsi BH à GB. Ce qu'il falloit demonstrer.

Théorèma. — Le centre de grauité de quelque triangle rectiligne que ce soit est dans la ligne qui part de l'angle du triangle au point milieu de la base.

Soit le triangle ADC (x figure) dont le centre de grauité soit en la ligne BD. Ie dis que la ligne BD couppe la base AC en deux. Soit

menée la ligne BE parallele à la ligne DC, et la
ligne BF à la ligne AD, soient menées aussi les
deux lignes EG, FH parallelesà DB. Pource que
le centre de grauité d'vn parallelogramme se rencontre dans le diametre, le centre de grauité de la
figure EBFD se trouuera dans la ligne BD. Mais
dans l'hypothese du triangle ADC le centre de grauité est dans la mesme ligne DB. Doncques si l'on
oste la figure DEBF du triangle ADC les grandeurs
qui resteront, c'est à dire les triangles AEB, BFC,
pris ensemble, auront leur centre de grauité dans
la ligne BD. Mais d'autant que les triangles AEB,
BFC sont semblables au triangle ADC à cause du
parallelisme des lignes FG, BD, FH, le centre de
chacun sera semblablement posé au centre de grauité du triangle ADC, c'est à dire en la ligne qui
menée par l'angle égal, fera des angles égaux sur
les costes homologues. Mais l'angle AEG est égal
à l'angle ADB, doncques l'angle GEB est égal à
l'angle BDC. Doncques le centre de grauité du
triangle AEB sera en la ligne EG. De la mesure
façon le centre de gravité du triangle BFC
sera en la ligne FH. Que le point M soit le
centre de grauité du triangle BFC, soit menée
ligne MN, qui rencontre la ligne DB au point I. Il

est euident que les triangles AEB, BFC pris ensemble ont leur centre de grauité dans la ligne MN.
Mais nous auons demonstré que le mesme centre
de grauité est dans la ligne BD. C'est pourquoy le
point I sera le centre de grauité de la grandeur
composée des triangles AEB, BFC. Doncques
comme IN à IM ainsi en proportion reciproque le
triangle AEB, au triangle BFC. Mais comme le
triangle AEB au triangle BFC, ainsi le quarré AB
au quarré BC. Et comme AB à BC ainsi AE à ED.
C'est à dire AC à CB. C'est pourquoy comme le
triangle AEB au triangle BFC, ainsi le quarré AG
au quarré GB. En suitte par le lemme precedent
comme IN à IM, ainsi BH à BG, c'est à dire en
prenant BG par commune hauteur, ainsi le rectangle HBG, au carré GB. C'est pourquoy comme
le rectangle HBG au quarré GB, ainsi le quarré AG
au quarré GB. Doncques le quarré AG est esgal au
rectangle HBG. Derechef comme AB à BC ainsi DF
à BC, c'est à dire BH à HC. Partant comme le
triangle AEB au triangle BFC ainsi le quarré BH
au quarré HC. Et comme IN à IM ainsi BH à BG.
C'est à dire ayant pris BH pour commune hauteur,
le quarré BH au rectangle HBG. Mais le quarré HC
est égal au rectangle HBG, auquel rectangle HBG

le quarré AG a esté monstré égal. Doncques les
lignes AG, HC sont egales, et ayant pris AC pour
commune hauteur les rectangles CAG, ACH seront
égaux. Mais comme AC à CB, ainsi DC àFC, c'est
à dire BC à HC, c'est pourquoy le quarré CB est
égal au rectangle ACH. Pour pareille raison les
lignes AC, AB, AG sont continuellement proportionnelles. Doncques le quarré AB est égal au rectangle CAG. Doncques AB, BC sont égales, et la ligne DB couppe la base AC en deux. Partant le centre de grauité de quelque triangle que ce soit se
trouue dans la ligne qui est menée d'vn angle au
point milieu de la base : ce qu'il falloit demonstrer.
D'ou il appert que le centre de grauité de tout
triangle est le point auquel les lignes menées des
angles du triangle aux points du milieu de la base
se rencontrent.

Si cette démonstration vous est agréable, ie vous
feray voir celle du centre de grauité de la parabole
qui est presque de mesme style ; mais c'est desia
trop vous auoir arresté sur mes bagatelles, si ie
continuois i'aurais subiet de craindre de vous donner vne aussi mauvaise occupation que celle que
l'on reçoit en la lecture du *Broüillon*. Sans mentir, le temps qu'il m'y a fallu perdre m'auroit em-

pesché de prendre la résolution d'en dire mon
aduis, s'il m'eust esté facile de le refuser.à ceux
qui l'ont désiré, et si vn iour, l'autheur lui mesme
ne m'eust dit que son brouillon surpassoit de beaucoup les œuvres d'Apollonius. Ie crois l'auoir servy ayant monstré le contraire, et que si son génie
est assez fort, ie seray peut-estre cause qu'il pourra
quelque iour approcher des perfections de cet
excellent homme, pourueu que sa présomption ne
l'empesche point de reconnoistre combien il en est
esloigné : au moins il se peut faire que i'auray désabusé ceux qui croyent que le *broüillon* est d'autant meilleur, qu'il est plus obscur, et que dores-
nauant *ipsum ignibus intellecturis dabunt.* Voilà ce
que i'ay creu ne me pouuoir dispenser de dire sur
ce subject. Ie le soubmets à votre iugement et vous
supplie de tout mon cœur de me croire tousiours,

Monsieur, vostre très-humble et affectionné serviteur,

DE BEAVGRAND.

A Paris le 20 juillet 1640.

(La lecture de cette lettre fait voir que Beaugrand
n'avait pas compris l'ouvrage de Desargues, il s'était

contenté de lire les dix premières pages qui contiennent cette belle théorie de l'involution ; il la critique vivement, dit qu'elle est dans Apollonius, s'attache particulièrement à ce mot d'involution qu'il trouve barbare et après une démonstration insignifiante de cette proposition, il termine son examen en ajoutant : « Et la voici (cette proposition) couchée presque aux mêmes termes qu'elle est dans les thèses de M. B. P. (Blaise Pascal) que je choisis pour que si je la transcrivois comme elle est dans le Brouillon et qu'il me fallut nommer *défaillement* ce que l'on entend par ellipse, j'aurais peut-être de la peine à me garantir de quelque syncope ou défaillance de cœur. »

Cette dernière phrase nous semblerait prouver que la thèse de Pascal dont il est ici parlé, était plus étendue que son *Essai sur les coniques*, qui ne contient que l'énoncé de la proposition de Desargues.

Ce qu'il y a de plus intéressant dans cette lettre de Beaugrand est ce qu'il dit sur l'annexe du Brouillon etc., annexe que, dit-il, « il nomme suivant son style grotesque, *atteinte aux evenemens de contrariétés d'entre les actions des puis-*

sances ou forces. C'est le seul renseignement que nous ayons trouvé sur ce sujet qui nous fait voir que Desargues s'était aussi occupé de la pesanteur considérée comme force. La perte de ce passage du Brouillon est donc à regretter.)

———

CURABELLE.

(Parmi les détracteurs de Desargues, il faut remarquer Curabelle, qui seul ne craignit pas de mettre son nom aux attaques dirigées contre Desargues. Il fit imprimer le 29 décembre 1644, un ouvrage intitulé : *Examen des œuvres du sieur Desargues*, par I. Curabelle ; ouvrage qui se vendait aussi
chez l'Anglois dit Chartres.

Curabelle est un écrivain totalement inconnu,
cependant voici un extrait du privilége du Roy pour
l'ouvrage ci-dessus.

« Par grace et privilege, etc., il est permis à Jac-
ques Curabelle de faire imprimer et vendre, un
Cours d'architecture par luy composé, diuisé en
quatre tomes ; le premier desquels contient, *la sté-
réolomie, ou section des solides, appliquée à la coupe
des pierres, et son appendix des quadrans, tant par
rayon incidence que de fraction et réflexion*. Le second comprend l'*optique universelle, tant théorique*

*que pratique, auec son appendix de l'échometrie et
musique.* Le troisiesme est, *des organes vniuersels
pour les poids et mouuements, tant des choses solides
qu'humides et son appendix des spiritades hydroli-*
ques, et le quatriesme, *les ornemens et proportions
d'architecture, tant nécessaires que décorables ; auec
un appendix de l'architecture militaire et annotation
sur la ciuile.* De plus, *un Examen des œuvres du
sieur Desargues Lyonnois*; etc , 29 décembre
1643. »

Nous ignorons si tous ces ouvrages ont effectivement parus. Nous n'avons retrouvé que le dernier dont il va être ici parlé. Curabelle est cité par
De la Rue, mais seulement par rapport à ce dernier ouvrage.

Dans une lettre autographe du mathématicien
Blondel, du 24 janvier 1664, adressée à Bosse et
qu'il traite d'illustre ; on trouve l'indication d'un
écrit de Curabelle, ayant ce titre : (appartenant à
M Charles) ;

« Estraine donnée en janvier de l'année 1664.

*Question d'architecture en forme de paradoxe
proposée pour résoudre à tous les architectes.*

« Touchant la perfection de l'enflure ou εντσις des
colonnes (corps principaux de l'architecture) tou-

chée imparfaitement par Vitruue, en son liure 3,
ch. 2 et 3, et non encore résolue ni réglée qu'imparfaitement, quoi qu'architectoniquement elle le
puisse estre facilement ; par J. Curabelle, à Paris,
chez Fr. Mariette, rue Saint-Jacques, à l'Espérance,
lieu d'adresse pour les réponces des choses ci-
dessus. »

Curabelle était donc un homme instruit. Quand
bien même il ne resterait de lui que les titres des
ouvrages qu'il devait faire et pour lesquels il avait
pris ce privilége.

Nous n'avons à nous occuper ici que de son
Examen des œuvres de Desargues.

Il commence par un avertissement au lecteur
dont nous extrayons les passages suivants :)

ADVERTISSEMENT AV LECTEUR.

Voicy le premier essay, et comme vn eschantil-
lon des fruits que mon esprit par la culture des
sciences a produit depuis que j'ay commencé à
operer par le moyen de la raison, etc.

Chacun pourra scauourer de ces fruits que ie
luy présente selon son goust ou selon son besoin...

Le principal subiet et le plus puissant esguillon
qui m'a incité à donner au public ce petit ouvrage
est sans doute le maintien et la deffense de la précision et vérité, de l'amour de laquelle je suis ardem-
ment esprist, et embrasse d'une cordiale affection
tous ceux qui la professe, les suppliant de m'honorer de leurs sentiments au préiudice de mon
propre interest, auquel je ne suis point attaché
sinon autant que veritable. A dieu.

(Cet ouvrage de Curabelle se compose de 81 pages
in quarto, avec nombreuses figures intercalées. Ne
pouvant le donner entièrement, nous allons en faire
une simple analyse).

(L'ouvrage se divise en deux parties) :

« *Première partie.* — Contenant l'examen de
son broüillon de la coupe de pierres, imprimé en
1640 et de son liure de mesmes matieres, imprimé
en 1643, depuis le commencement d'iceluy liure
iusques à la planche 97. »

(On voit par ce titre que Curabelle attribue ex-
clusivement à Desargues le traité de la coupe des
pierres de Bosse, de 1643. C'est même sur cet ou-

vrage de Bosse que roule en grande partie l'examen).

Seconde partie. — Suite de l'examen dv livre de la coupe des pierres du sieur Desargues (*c'est-à-dire Bosse*), à commencer à la planche 97 et finir où finit ledit liure.

Il termine page 65 cette analyse par cette phrase :

« Si le dit sieur eust cognu et pratiqué la chose dont il a voulu parler, il ne fust sans doute tombé dans de telles erreurs, la pratique estant nécessaire à ayder et fortifier nos sens ; confirmer ou infirmer ce que la spéculation de nostre esprit auroit produit : telle et semblable censure cy dessus encourent ceux qui veulent parler des choses qu'ils n'entendent que superficiellement. Et lors qu'ils s'ingerent d'en donner des regles ; ils ne manquent jamais de tomber dans quantité d'erreurs et défaux, qui enfin servent de matière risible aux cognoisseurs ; et enfin ils se détruisent eux mesmes par leurs propres principes.

Fin de l'*Examen de la coupe des pierres*.

————

Est adioint l'examen de l'vne des prétenduës manieres vniuerselles du sieur Desargues, touchant

la pratique de la perspective, etc., imprimée en
1636. Ensemble un petit liuret traitant la mesme
matiere, imprimée en 1643. Comme aussi de ses
quadrans et du moyen de placer son style ou axe,
inséré en son broüillon de la coupe des pierres,
imprimée en 1640.

(On voit encore ici, que Curabelle attribue à
Desargues, le petit livret de perspective adressé
aux théoriciens et qui se trouve dans l'ouvrage de
Bosse, à la suite de sa perspective. La phrase suivante, extraite de l'examen de ce livret, confirme
cette assertion. « Il se voit un petit liuret de perspective dudit sieur Desargues addressé aux théoriciens, imprimé en 1643, etc. »

(Après l'examen de ces ouvrages de perspective,
vient celui, du tracé des cadrans solaires et des
moyens de placer le style du cadran ; on y remarque
cet article. « *La manière du dit sieur de placer le style
est fausse.* » Or, on voit qu'il donne pour raison,
que cette fausseté résulte de ce que nous ne sommes ni au pôle ni au centre de la terre. » Mauvaise
raison qui est loin de donner de la confiance aux
autres assertions de Curabelle.

On trouve, page 70, cette phrase :

« Mais comme le dit sieur (Desargues), à la fin

d'une réponse à causes et moyens d'opposition, etc.,
du 16 décembre 1642, remet d'en donner la clef
(d'une proposition que Curabelle n'indique pas).
Quand la démonstration de cette grande proposition *La Pascale* verra le jour, et que le dit Pascal
peut dire que les 4 livres d'Apollonius sont bien
un cas, ou bien une conséquence immédiate de cette
grande proposition dont j'ai laissé la glose à la liberté de l'auteur. »

« Mais quant à l'égard du sieur Desargues, cet
abaissement d'Apollonius ne relève pas ses leçons
de ténèbres, ni ses événements aux atteintes que
fait un cône rencontrant un plan droit, auquel a
suffisamment répondu le sieur Beaugrand et démontré les erreurs en l'année 1639, imprimée en
1642. »

L'ouvrage de Curabelle est moins intelligible
encore que celui de Desargues qu'il veut critiquer,
de sorte que ce serait un travail fort long, fort en-
nuyeux de vouloir, en comparant les deux textes,
chercher à bien comprendre les différences; ce
travail offrirait d'ailleurs un résultat peu suscepti-
ble d'intéresser, il suffit de savoir que Curabelle
prend partout le parti de la pratique, contre la
science, et critique surtout avec une animosité trop

évidente, les mots nouveaux que Desargues a voulu introduire, et les constructions qu'il prétend sub-stituer aux anciennes, constructions que Curabelle défend comme plus simples et générales que les siennes.

A la suite de l'Examen des Œuvres de Desargues, par Curabelle, se trouve, avec une autre pagination, une brochure de 9 pages,

AYANT POUR TITRE :

FOIBLESSE PITOYABLE

DU SIEUR G. DESARGUES EMPLOYÉE CONTRE L'EXAMEN FAIT DE SES ŒUVRES,

PAR I. CURABELLE.

———

(Cet opuscule étant très-rare, nous le transcrivons ici en entier.)

Il ne faut pas trouuer estrange que le sieur Desargues employe toutes les astuces et détours imaginables, et qu'il emprunte toutes les bonnes mines apparentes dont il se peut aduiser pour replastrer la réputation qu'il s'est vainement acquise. Il faut auoüer qu'en c'este affaire si pressante il en a extremement besoin ; et tant luy que ses partisans doiuent en ceste occasion faire ioüer tous les ressorts de leurs artifices et souplesses ; mais aussi

on ne peut treuuer mauuais, qu'on fasse icy vn re-
cit véritable de tout ce qui s'est passé, pour détrom-
per ceux qui n'auroient esté imbus que de fausses
opinions de la part du dit sieur Desargues, ou receu
de mauuaises impressions par la lecture de ses
ecrits au prejudice de la verité. L'on scait assez
que c'est le propre de celuy qui entreprend la défense d'vne mauvaise cause, de se seruir de moyens
faux et indirects, qui sont colorez seulement de
quelque apparence spécieuse ; mais qui n'ont la
force ny la solidité d'vn bon raisonnement ; ils ne
font qu'effleurer la matiere, sans iamais toucher
au fond que sophistiquement.

Et premierement, il faut sçauoir, qu'au mois de
ianvier mil six cent quarante-quatre, et lors que
ledit examen mis au iour tomba entre les mains du
sieur Desargues, l'abord inopiné de cet examen le
surprit de telle sorte et excita vn si violent orage
en son esprit, que pensant parer et éluder le coup,
il prit résolution de publier par risée, à tous ceux
qui luy en parleroient, que c'estoit un fol, qui
n'auoit aucune science, vn simple ouurier et tailleur de pierres, mesme que l'on ne connoissoit pas,
qui s'estoit auisé de faire tel impertinent escrit, qui
ne meritoit pas d'estre leu ny consideré ; neant-

moins la suite de ses discours, la confusion qui s'y
remarquoit et l'alteration de son esprit faisoient
assez connoistre, que cet examen le touchoit de près
et qu'il estoit d'vne autre nature qu'il ne le dépei-
gnoit.

Donc ledit Desargues s'aperceuant que son premier moyen se destruisoit de luy mesme, il s'auisa
d'vn second, qui fut de dire hautement que tout ce
qui estoit dans ledit examen estoit absolument faux
et calomnieux, et que cela ne méritoit pas d'y respondre, et que pour preuuer son dire, il gageroit
cent mille liure à consigner deuanct notaires, et
au dire d'excellens géometres, d'Hollande et d'Espagne, etc., et par authorité et assistance du parlement, afin que cela fust notoire à toute l'Europe.
Et mesme ce deffy au sieur Langlois dict *Chartres*,
marchand libraire, qui vend le dit examen et lui
donna charge de le dire au sieur Curabelle.

Ce que lui estant rapporté, il compara ceste
rodomontade à la vanité insupportable de ces fan-
farons, lesquels se vantent sans cesse de leur courage et valeur au dessus de tous les hommes, et de
leurs exploits généreux qui ne consistent qu'en
vne pure imagination : neantmoins se voyant pres-
sez par quelqu'vn, et contrains à la défense, en

reconnoissant leur foible, proposent de se battre,
mais toujours selon la grandeur de leur courage,
scauoir, à la teste de plusieurs régiments choisis en
Hollande et Espagne, etc., et en quelque plaine
choisie en la Grèce, et par l'authorité et les assu-
rances des souuerains.

Et quoy que le sieur Curabelle, n'estoit obligé
ce semble de respondre à cette proposition, neantmoins pour rabaisser son caquet, et satisfaire au
vulgaire, il luy fit dire que cela estoit possible à
tous de proposer une gageure de cent mille liures,
mais que de les consigner cela estoit particulier, et
que pour cent pistoles il les pouuoit consigner entre les mains des notaires et passer acte contenant,
*que tous les articles dudit examen sont et seront sous-
tenu précis et véritables.* Au reste, qu'il n'estoit pas
nécessaire de faire venir exprès des arbitres d'Hollande ny d'Espagne, pour vuider ce different, et
que s'estoit faire tort au mérite de tant d'excellens
esprits qui se rencontrent dedans Paris. Ce qu'estant rapporté au sieur Desargues, iceluy s'aperceuant que son extrauagance qui n'estoit que trop
visible a vn chacun, il fut contraint de faire paroistre qu'il receuroit des experts de Paris et qu'il
ne gageroit que cent pistoles.

Quelque temps après le sieur Chartres, le rencontrant luy dit que le sieur Curabelle offroit de soustenir ledit examen, et de consigner les cent pistoles, et qu'il ne falloit pas tant de discours, mais en venir aux effets ou se taire. Il dit au sieur Chartres qu'il se trouueroit sans y manquer vn 2 de mars à l'heure donnée et audit an, au logis dudit Chartres, et qu'il auertit le sieur Curabelle de s'y trouuer aussi, pour de là aller passer l'acte deuant notaires, et consigner les cent pistoles.

Ce qu'ayant esté dit au sieur Curabelle qu'il ne manquast pas de se trouuer seul à l'assignation auec les choses requises, comme les cent pistoles, ensemble les articles; et après auoir long-temps attendu, enfin le sieur Desargues enuoya vne seruante pour voir si le sieur Curabelle estoit au lieu donné, lequel parlant à la seruante, la chargea de dire au sieur Desargues, qu'il y auoit beaucoup de temps qu'il l'attendoit, neantmoins s'il vouloit il pouuoit remettre la partie à demain, et que le sieur Curabelle attendoit la responce; mais qu'il le prioit de ne point prendre la peine d'enuoyer Procureur pour luy, et que c'estoit à luy que le sieur Curabelle auoit affaire, tant pour passer l'acte, que pour conuenir d'arbitres.

Les choses lui ayant esté rapportées par ladite seruante, et ne souhaitant rien moins que d'en venir aux effets, il n'osa paroistre, mais enuoya vn nommé Bosse partie intéressée, comme ayant à ses frais fait imprimer l'ouvrage du dit Desargues, et n'ayant autre charge que de faire signer au sieur Curabelle vn petit billet, contenant : *Si le sieur Curabelle veut soustenir tout ce qui est dans l'examen qu'il a fait de mes œuvres, moy Desargues soustiens que non, au dedit de cent pistoles,* etc. Le sieur Curabelle dit au sieur Bosse, que ce billet contenoit en soy à peu près son intention, mais que le sieur Desargues deuoit venir luy mesme en personne, tant pour consigner les cent pistoles, que pour convenir d'articles, dont le sieur Curabelle en auoit fait un projet par escrit, lequel il donna au sieur Bosse, qui les porta au sieur Desargues, qui les ayant veus les renuoya par ledit Bosse, et prit prétexte qu'il ne vouloit point de papier que bien signé, comme si le sieur Curabelle eusse peu nier qu'il n'auoit pas donné lesdits articles, veu qu'il s'y trouua plusieurs temoins qui les virent, et en entendirent la lecture.

Le sieur Curabelle reconnoissant que tout ce procédé n'estoit qu'vne pure chicane, il dict au sieur

Bosse encore vne fois comme à vn homme qui n'a-
voit que le pouuoir deuant dit, que le sieur Desargues deuoit comparoistre luy mesme, et qu'il ne
deuoit signer qu'auec luy, ou chez le notaire. Et,
finalement, puisque le sieur Desargues n'auoit pas
l'assurance de se treuuer à son assignation, que le
sieur Curabelle l'iroit trouuer le lendemain chez
luy pour convenir d'articles et passer l'acte, ce qui
fut fait : mais auparavant de narrer ce qui se passa,
il est besoin d'insérer icy les articles cy-deuant
dits.

———

ARTICLES ET CONVENTIONS POVR SOVSTENIR L'EXAMEN
   DES OEUURES DU SIEUR DESARGUES, PAR IACQUES
   CURABELLE, AINSI QU'IL ENSUIT.

Premierement :

*Qve tous les articles contenus au liure intitulé,
Examen des œuures du sieur Desargues, sont et
seront maintenus précis et véritable, mais que quelques vues des figures peuuent estre réduite en moins
de lignes. Ce qui se verra dans la Stereotomie dudit*

Curabelle, comme estant son propre lieu, ou dans l'agitation des conférences.

Que le sieur Desargues posera par escrit son dire contre ledit examen ainsi que ledit sieur Curabelle l'a cydessus posé, puis en la conférence ledit Desargues fournira ses defenses et objections par escrit deux iours auparauant ladite conférence des dites questions, pour y estre consideré par ledit Curabelle, et y respondre en la dite conférence.

Que les deux cens pistoles seront mises en depost entre les mains d'vn notaire ou greffier de l'Escritoire, qui reduira par escrit les conclusions de la dite conférence lesquels deux cens pistoles seront déliurées franches et quittes à celuy qui aura gaigné selon le rapport des arbitres qui se fera en la derniere conference, sans nul autre temps ny delay. Et que lesdits arbitres seront salariez par celui qui les desnommera, et que lesdits arbitres seront choisis pour chacune desdites parties. Vn Mathematicien et un iuré Masson des excellens de Paris, et que la pluralité des voix des dits arbitres l'emportera et si lesdites voix sont esgales, sera desnommé vn tiers de la qualité de la cause que lesdits arbitres conuiendront ensemble, ou sera jetté au sort.

Lesdites conférences seront tenues deux fois la

semaine à tel iour et lieu que conuiendront lesdites
parties et continueront iusques à la fin sans interruption ny delai, s'il n'y a grande cause légitime.

Audit examen, la question des noms impropres
sera terminée à la fin et derniere conférence, le
succez et connoissance des choses précédentes y
estant nécessaire.

Il sera nécessaire de coupper quelques vues des
pièces de traits, que iugeront les arbitres tant en
l'vne qu'en l'autre maniere, pour en voir le succez
et les facilitez.

En chacune desdites conférences il y aura un
notaire ou greffier de l'Escritoire, pour reduire par
escrit, tant les questions agitées par les parties
que les conclusions des arbitres, lesquelles seront
signées, tant des parties que des arbitres, notaires,
ou greffier, et à la fin de chacune conférence les
minutes demeureront entre les mains desdits notaires ou greffier pour y auoir recours quand be-
soing sera. Et sera respectivement loisible ausdites
parties de faire imprimer et mettre au iour lesdites
questions agitées et resolues par lesdits arbitres. Et
seront les frais des notaires, ou greffier, ensemble le
tier des desnommez payé par moitié. Et tout ce que
dessus sera ponctuellement obserué au dédit desdites

deux cens pistoles, qui demeureront au profit de celuy qui aura plus de questions de son costé, selon le dire et conclusion des arbitres, comme il est cy-deuant dict.

Maintenant reuenant à l'entreuueë du 3 mars au dit an, vous scaurez que le sieur Curabelle ayant rencontré chez le sieur Bosse le sieur Desargues, cette veuë inesperée (quoy qu'auerty), ne le fit pas tressaillir d'aise, mais comme un homme transporté de passion, il dit au sieur Curabelle, qu'il l'auoit affiché par les ruës scandaleusement, et qu'il n'estoit pas honneste homme : et autres paroles inciuiles, dignes de son esprit violent et outrageux. Mais comme le sieur Curabelle s'estoit déliberé de l'aller trouuer pour faire affaire et non pour la rompre, il luy dit sommairemeut qu'il estoit honneste homme et qu'il pouuoit sçauoir pourquoy il le venoit trouuer, qui estoit pour conuenir de cas et d'arbitres ensemble et aller passer acte, et qu'il pouuoit déduire ce qu'il trouueroit à redire sur les articles cy-deuant mentionnez : mais il ne voulut rien entendre, disant qu'il ne vouloit parler que par escrit signez et que le sieur Curabelle eusse à signer un escrit de ce qu'il vouloit soustenir, et puis qu'il penseroit a ce qu'il auroit affaire. Le sieur Curabelle pensant qu'en cette extremité il falloit tirer d'vne mauuaise paye ce que l'on peut, il lui escrit et signe vn billet dont la teneur ensuit. *Ie soubs-signé dis que toutes les démonstrations, tant à la figure qu'en l'escrit de l'examen du sieur Curabelle sont toutes précises et véritables sans exception ; et que partie de celles des œuures du sieur Desargues sont fausses, au dedit de cent pistoles que ledit Curabelle est prest à consigner, et passer acte deuant notaire et au dire d'excellens géometre et iurés Massons de Paris. Fait double ce 3 mars 1644.* Ensuite le sieur Desargues en escrit et signe aussi vn qui contient : *Et moy Desargues soustiens, qu'en mes œuures et de Monsieur de Bosse où est ma reconnoissance, hors une faute en l'impression d'vne page, qui n'importe en rien au reste de l'œuure, et qui n'a pas entierement corrigée ; au surplus de ce qu'il se veut mesler d'y reprendre, il le reprend tant mal à propos. Et il est faux qu'en aucune de mes démonstrations des règles de la coupe des pierres, de perspective, de cadran, il y ait aucune erreur, à peine de cent pistoles au dire des sçavans géometres, et en si bonne compagnie qu'on scauroit proposer, et offre*

*d'en passer acte deuant notaire et consigner entre
leurs mains. A Paris ce 3 mars 1644.*

Ce qu'estant fait, il se meut quelque parole de
la nature de ce qui est cy-deuant dit. Et finalement
en sortant le sieur Curabelle luy demanda quand
il desiroit qu'il le vint reuoir pour passer leurs
actes; il répondit tout effrayé, que le sieur Curabelle et luy ne se verroient plus que par escrit :
Ce qui faisoit bien voir qu'il ne demandoit pas de
s'aprocher, mais chicaner.

Le 5 iour dudit mois de Mars et an, le sieur Desargues enuoya au sieur Curabelle vn simple escrit,
contenant le projet de l'acte qu'il vouloit passer,
lequel le sieur Curabelle refusa disant, puisqu'il
ne vouloit point d'escrit du sieur Curabelle que
signé, qu'aussi il n'en vouloit point de luy qui ne
fusse signé.

Le 7 Mars audit an, le sieur Curabelle renuoya
les articles cy-deuant escrits, intitulés : *Articles et
conuentions*, etc., par le sieur Chartres qui les
auoit fait collationner par deuant notaires et les
donna au sieur Desargues, mais ausdits articles il
y en a vn d'abondant qui est, *ie consens que ledit
Desargues fasse l'acte et contract tant authentique
qu'il voudra, fasse trouuer aux conferences telle*

personne, et en tel lieu qu'il désirera ; mais seule-
ment les arbitres desnommez auront voix et pouuoir,
estant iuges et competans. Et ce fut fait, d'autant
que ledit Desargues disoit verbalement, qu'il desiroit faire cette conférence solemnelle et par de nos
seigneurs de la cour.

Quelque temps apres il s'auisa d'vn pretexte qui
fut de dire, que des articles cy-dessus collationnés
deuant notaires, nul n'estoit chargé de l'original,
il fallut que le sieur Chartres fit refaire vne autre
collation deuant notaires desdits articles, ou ledit
Chartres demeuroit chargé de l'original promet-
tant et s'obligeant de le représenter quand requis
seroit ; et fut donné audit Desargues le 17 Mars
audit an.

Le 11 Mars en suiuant, le sieur Desargues renuoya et signa le mesme project d'acte à peu de
choses prez qu'il désiroit passer deuant notaires,
dont il est icy déduit quelqu'vn des cas irraisonna-
bles : l'un est *qu'il se rapporte au dire d'excellens*
géometres et autres personnes sçauantes et désinte-
ressées et en tant qu'il seroit de besoins aussi, des
iurez Massons de Paris. Ce qui fait voir euidem-
ment que ledit Desargues n'a aucune vérité à déduire qui soit soustenable, puis qu'il ne veut pas

des vrays experts pour les matieres en conteste, il
ne demande que des gens de sa cabale, comme de
purs géometres, lesquels n'ont iamais eu aucune
experience des regles des pratiques en question et
notamment de la coupe des pierres en l'architecture qui est la plus grande partie des œuures de
question, et partant ils ne peuuent parler des subjections que les diuers cas enseignent.

Les excellens architectes et iurez Macsons, ou
Massons, n'ont seulement les théories competan-
tes, comme estant géometres de la perspective et
quadrans et notamment des lignes et panneaux
de la coupe des pierres en l'architecture, pour en
connoistre les erreurs autant que sçauroient connoistre les géometres, mais de plus ils ont la connoissance si les regles sont faciles à pratiquer selon
l'occurence des diuers cas de la massonnerie; si
elles ont toutes les parties des coupes nécessaires
pour la bonté de l'ouurage, si elles ont toutes les
parties requises pour effectuer entierement le proposé, si elles sont génerales dans tous les cas des
pratiques; si les ouuriers s'en peuuent seruir selon
les contraintes de la méthode réquise en l'art de
massonnerie; si elles ont des parties desrobées des
anciennes manieres, et autres tels cas, comme des

uoms impropres de l'art, desquels le sieur Curabelle fait peu de cas pour ce dernier au respect des
regles et constructions qui enseignent le requis ; et
c'est de ces matieres que traite ledit examen, et
rien de plus. Maintenant on laisse à iuger si telle
connoissance n'appartient pas entièrement aux
excellens architectes et iurez Macsons, ou Massons
et si le sieur Curabelle luy a relaché et relache
encore et luy donne cet aduantage, qu'il y aura
des purs géometres ; n'est-ce pas faire voir clairement à tous que ledit sieur Curabelle désire extremement l'attirer aux conférences ?

En autre endroit de son dict projet d'acte il dit,
*ils nommerons chacun entre les commissaires deux
de nos seigneurs de la cour, pour receuoir le serment,
presider aux conférences et iugemens,* le sieur Curabelle luy a repliqué et signé comme deuant est
dict, *qu'il consentoit, qu'il feroit l'acte,* s'entend
des conférences et résultat d'iceux et contract, *tant
authentique qu'il voudra ;* s'entend de la faire authoriser par nos seigneurs de la cour et commettre
tels commissaires qu'il leur plaira, tant pour receuoir les sermens des arbitres, que leurs rapports,
pour estre par la cour fait droict ; De plus le
sieur Curabelle permettoit, *qu'il fit trouuer aux*

conférences telles personnes, et en quel lieu qu'il désireroit; mais seulement que les arbitres denommez auroient voix et pouuoit estant iuges capables.
S'entend qu'il pouuoit faire trouuer aux conféren-
ces tels Messieurs ou conseillers de la cour, ou autres de sa connaissance, mais qu'il estoit raisonnable que les arbitres denommez pour examiner les
regles des pratiques cy-deuant dites, eussent seuls
voix et pouuoir et n'estre présidez ausdites conférences en tel sujet de leur art, par aucuns des Messieurs de la cour ; De plus le sieur Curabelle ne
pouuoit déliberer, ny se promettre que Messieurs
de la cour voulussent agir, et se rabaisser à voir,
ou faire couper des pierres, pour faire les expériences et autres tels cas auec des arbitres ; et prétend que c'est vne insigne témérité à Desargues de
se promettre obliger Messieurs de la cour à telle
chose. D'ailleurs le sieur Curabelle ne pouuoit
trouuer d'arbitres qui luy accordassent ses glosses,
disant que cela ne s'estoit iamois veu.

Il peut croire que si le sieur Curabelle eusse peu
déliberer de Messieurs de la cour, ensemble des
arbitres selon les glosses, qu'il luy eust relasché et
signé sa demande aussi bien qu'il lui a relasché
autre chose cy-deuant dite. Il pourra dire pour sa

défense, qu'il demande des Messieurs de la cour
pour faire et apporter par leur authorité le silence
et le respect en cette conférence mais ayant esté
rendu comme maistre pour disposer du lieu des
conférences, et qu'il n'yroit que telle personne
qu'il désireroit, s'entend hors les nécessaires; il
semble que son obiection est bien faible, car il
ny peut auoir ainsi qu'il faut croire, que des honnestes gens qui scauront bien garder pour le moins
le silence et le respect que ledit sieur. De plus vous
sçaurez qu'au bas du double du project d'acte cy-
deuant dict, et en conséquence que ledit sieur Desargues faisoit dire verbalement, qu'il ne vouloit
pas que le sieur Curabelle luy prescriuisse des articles, et que c'estoit à luy de luy en prescrire, et
qu'il vouloit que les noms impropres fussent agitez
au premieres conférences, le sieur Curabelle sous-
criuit et signa ce qui ensuit : *Ce iourd'hui 21 mars
1644, i'ay reçu du sieur Bosse la copie du proiect
d'acte cy-dessus, signé Desargues le 18 mars, que
ie ne puis accepter quant aux articles. ainsi suiure
celle que i'ai donnée audit sieur, excepté que les
noms impropres seront agitez en telle conférence
que les arbitres commendront. Fait double aux
daltes cy-desus, etc.*

Mais de plus ledit Desargues a souuent dit et à plusieurs personnes, qu'il vouloit que le sieur Curabelle soustint généralement toutes les choses mentionnées audit examen, et qu'en tel cas il faut estre impeccable, prétendant par là que de 80 cas ou plus et mesme de ceux qui ne sont de la substance des subjects, et qui n'ont aucune vérification n'y démonstration, comme par exemple les noms impropres et autres cas de telle nature, lesquels ledit sieur ne prétend qu'attaquer; s'il arriuoit que les arbitres luy en iugeassent quelq'vne, il prétendoit auoir le gain et le dessus, quoy que toute l'entiere substenue des regles et suiect dudit examen fust bon ; le sieur Curabelle respond, qu'estant icy question de liures et examen d'iceux, qui traitent seulement quelque partie de géometrie, appliquée à la perspectiue, quadrans et coupe des pierres en l'architecture, pour ce qui est de la substance et base dudit examen, comme les figures, constructions, démonstrations et escrit d'iceux, enseignant la susdite perspectiue, quadran et coupe de pierres, lesquels ont leur preuue, certitude et démonstration, en ce cas le sieur Curabelle luy soustient le tout précis et véritable sans exception, au dire d'excellents géometres et iurés

Massons, ainsi qu'il a signé audit Desargues le
3 mars, consentant que si en icelle il se trouue la
moindre partie de faux, ledit Desargue aye le
prix. Et que pour ce qui est des noms impropres
et autres cas de telle nature qui n'ont point de
certitude ny demonstration qu'il donne des iuges
impeccable, puis le sieur Curabelle auisera de
les soustenir tous, et aux conditions et peines
cy-dessus, c'est pourquoy en attendant que ledit
Desargues donnat des iuges impeccables pour les cas
cy-deuant dits : et le sieur Curabelle ayant à soustenir le tout en globe, tant l'essentiel des regles et
substance dudit examen, que les noms impropres,
et autre cas de telle nature, il mit dans l'vn
de ses articles cy-deuant déclarés, *que le prix de-*
meureroit au profit de celuy qui auroit plus de
questions resoluë de son costé, selon le conclud des
arbitres ; Ledit Desargues, dira qu'il n'a pas dit
dans son projet d'acte cy-deuant, auquel il remet
toujours ses autres escrits, qu'il prétend auoir le
prix s'il a vne ou deux des questions des noms
impropres de son costé mais il a dit l'équivalent,
vsant de ces termes, *à celuy dont les obiections*
auront esté iugées raisonnable d'autant que les
regles apuiées de géometrie, se iustifient et ter-

minent par résolutions et démonstrations certaines, et non pas obiections, mais bien les cas qui n'ont aucune certitude.

Maintenant vous remarquerez par cecy, et comme cy-deuant est dit, qu'il ne desire parler de la substance ny base dudit examen, ainsi de la couuerture, comme de quelques noms impropres, ou que le sieur Curabelle l'a scandaleusement repris, et autre cas de semblable nature : ce qui ce iustifie, tant dans son affiche cy-après, que dans son dit projet d'acte, quand il demande que ce soient, *Messieurs de la cour qui président aux conférences et igugemens*, plus dans la page 3 d'un libel imprimé le 18 auril audit an, où il dit, *des faits en contestation, les vns regardent la géometrie contemplatiue, d'autres la grammaire, d'autres le raisonnement, autre la police, autre le droict;* veritablement les arbitres et experts en ce cas n'y auroient guiere affaire.

Il dira que son dit billet signé au sieur Curabelle, le 3 mars soustient, *que hors vne faute d'impression, tout ce qu'au surplus ce que ledit sieur Curabelle s'est voulu mesler de reprendre, il le reprend tant mal à propos;* mais si l'on considere son projet d'acte cy-deuant dit, receu par le sieur

Curabelle le 21 Mars, si iceluy proiet estoit passé
entreux deuant notaires, il casseroit les billets cy-
deuant signez, car il n'en fait aucune mention,
ains à des gloses contre.

En conséquence de cecy le sieur Desargues s'a-
uisa de faire croire au commun, que le sieur Curabelle refusoit de soustenir ledit examen, et pour
cet effet, enuiron le 2 auril audit an, il eust l'effronterie de publier une affiche calomnieuse que
plusieurs peuuent auoir veuë intitulée, *La honte
du sieur Curabelle, qui refuse de maintenir etc.*,
où est à remarquer outre les calomnies et faussetez d'icelle, comme ce que dessus le fait voir
que le dernier articles et glose de l'affiche contient ces mots. *Il ne faudra qu'aller sans autre
façon deuant les notaires passer l'acte desia proiecté,
etc.* D'ou il paroist qu'il met à couuert toutes les
faussetez et deffys du précédent, quand il glose
de passer les conuentions selon son projet d'acte ;
en conséquence de cette affiche et pour satisfaire au commun, le sieur Curabelle en auoua vne
autre du 6 avril, qui fust affiché à costé de celle
du sieur Desargues intitulée, *calomnieuses faussetés
contenues*, *etc.*, Dans laquelle affiche estant déduit
quelque article du proiet d'acte du sieur Desar-

gues qui estoit irraisonnable en partie. Enfin
l'vne des conclusions est *et pour confirmer son
incapacité et lui renuoyer sa honte sur luy mesme,
ledit Curabelle offre encore de prouuer aux conditions deuant dites, que toutes les choses qu'il a
faites dans l'affiche et examen sont précises et
véritables, et que celles du sieur Desargues sont
fausses et calomnieuse, ainsi qu'il les a prouuées et
prouuera, luy donnant c'est aduantage que s'il n'a
deux fois autant de questions résolues de son costé,
que le sieur Desargues aura du sien, il perdra
la somme proposée et en passera acte.*

L'on voit par là comme le sieur Curabelle s'o-
blige en globe de soustenir nonseulemeut l'essentiel et base de quoy traite ledit examen; mais
aussi toutes les plus simples choses touchées, et
qu'vn chicaneur pouuoit desirer, s'il auoit eu le
moindre droict imaginable.

En suite de ce ledit Desargues fist ouuerte-
ment paroistre son dessein de surprise et de chicane, en faisant le 23 auril faire vne sommation
par vn sergent audit Curabelle, à respondre dans
trois jours, et dans le temps que ledit Curabelle
estoit aux champs; neantmoins arriuant le 26
auril, il fist responce, laquelle il fit signifier audit

Desargues, disant *ce iourd'huy* 26 *auril* 1644 *j'ai veu vn acte contenant quatre pages de discours confus, ambigus et extrauagans etc, auquel ie respond que le sieur Desargues n'a point sonvenance de l'affiche du 6 auril audit an, aduoué par moy, contenant en conséquence tout ce qui se peut relacher pour l'attirer aux conférences, fait double, etc....* Ensuite le sieur Desargues estant assuré d'vne surprise qu'il faisoit secrettement à la cour, comme il se verra cy-après, il fit imprimer un libel de ladite sommation et responce intitulée, *sommation faite au sieur Curabelle etc., à Paris le* 18 *auril* 1644. Lequel est imprimé le 18 auril, et le sieur Curabelle n'auoit fait responce que le 26 auril; ce libel de sommation fut dispensé et donné ainsi que l'on fait au bout du Pont-Neuf, les libels des charlatans par ledit Desargues et autres es places publiques et notamment le matin premier May, en la place Notre-Dame de Paris, esperant par la calomnier ledit Curabelle.

Ledit libel de sommation contient en la page 3 ce qui a esté cy-deuant dit, sçauoir, *que des faits qui se rencontrent entreux, les vns regardent la géometrie contemplative, d'autres la grammaire, d'autres le raisonnement, autre lo police,*

autres le droict, et qu'il est necessaire que les arbi-
tres qui seront nommez soient des personnes enten-
dues en chacune de ces matieres, comme peuuent
estre des iuges et des géometres, etc. Il a esté dit
cy-deuant de quoy traitent les liures et examen
en question, et de qu'elle qualité doiuent estre les
experts nommés, d'ou l'on voit l'intention dudit
Desargues qui paroistra bientost. En vn autre endroit page 4 il dit, *quand ledit Curabelle aura dé-*
claré par escrit en termes exprez qu'il entend main-
tenir tout ce qu'il y a dans lesdites affiches et libels,
ou qu'il aura costé par escrit signé tout ce qu'il
n'en veut pas maintenir, ledit Desargues etc., verra
de luy faire ouuerture pour terminer tout définiti-
vement par la décision d'vn, deux ou trois articles,

Faut remarquer, que quand ledit Desargues
eust fait des ouuertures d'articles ou rodomontades
cent fois plus auantageuses, et que la capacité du
sieur Curabelle eust esté assez basse pour les receuoir : Neantmoins il ne les pouuoit accepter, ny
tout ce qui s'en suit, d'autant que le retenton et
globe sur quoy sont appuiées lesdites ouuertures
d'articles ou rodomontades, requeroient du sieur
Curabelle vne retractation de la vérité et de son
signé : car tant par les raisons déduites cy-deuant,

comme par les signés et articles collationnez deuant notaires, et affiches, auouez dudit Curabelle,
il s'oblige, *de maintenir tout ce qui est contenu
dans ledit examen et affiches*, après quoy il faut
auoir vne extreme impertinence pour demander
audit Curabelle, *qu'il signe qu'il ne veut pas maintenir, puis il verra de faire ouuerture*, etc., comme
s'il y auoit quelque chose de faux, et non soustenable tant dans ledit examen, comme dans les
affiches. Ce qui fit que le sieur Curabelle qualifia
en sa réponce tel escrit, *d'ambiguité, de confusion
et d'extrauagance*. Et le reste est laissé à dire au
lecteur. Le 4 May audit an, il fit paroistre ouuer-
tement son intention, faisant signifier audit Curabelle, *que les parties en viendroient parler sommairement, deuant Monsieur de la Nauue*. Ce qu'il
auoit obtenu au Parlement secrettement, subrepticement et sous le faux entendu d'vne requestre,
laquelle n'a pour meilleur fondement, sinon que
le sieur Curabelle contrement à son priuilege,
d'autant, dit-il, *qu'il a copié de ses œuures dans
ledit examen*, pitoyable recrimination comme cy-
deuant en matiere de science : de plus de vouloir
faire nommer d'experts à sa fantaisie, qui eussent
examiné telle partie de l'examen qu'il leur eust

semblé bon estre, puis la dessus chicaner et faire
donner des arrests par surprise, pour ensuite ietter
de la poussiere aux yeux du vulgaire. Il faut sçauoir que l'affaire n'est pas de si petite conséquence,
pour en parler sommairement. Il en faut examiner
les particularitez meurement, méme effectuer en
petit les pratiques, notamment de la coupe des
pierres, car l'on scait que le sieur Desargues est
vn mauuais praticien et, en ce qu'il a voulu pratiquer, il y a reussi fort mal, et la pratique luy a
fait connoistre ce que sa spéculation estropiée n'a-
uoit prémédité, les lieux luy seront cottés s'il en
ignore. Cela regarde autant l'honneur des anciens
architectes, sculpteurs et peintres comme de ceux
d'aprésent, qui est la querelle que le sieur Curabelle maintient et fait voir ce que le sieur Desargues a copié de leurs œuures par deguisement,
ensemble l'injure qu'il leur fait, quand il dit mot
pour mot au bas de l'escrit de la premiere fueille
de son broüillon de la coupe des pierres, en parlant de sa perspectiue. *Ceste maniere icy quoy
qu'on veuille dire, donne encore la connoissance de
la raison des effects généralement de toutes choses,
ausquels tous les peintres et sculpteurs et semblables
essayent de paruenir à force de pratiquer en taton-*

nant, qu'ils nomment estudier. Et plus bas il dit en parlant de la coupe des pierres, *Et les entendus en la maniere de trait qu'ils ont receu de la traditiue ou descouuert en tatonnant, auront de la peine à se persuader qu'il y ait quelque chose à désirer en la maniere de trait dont à Paris on fait les chefs d'œuures pour la maistrise de l'art de massonnerie :* Puis en l'escrit cy-allegué, et au bas de la page 4, il dit, *en laquelle regle ils se mescontent souuent à faute de l'entendre à fond, et ceux mesmes qui se piquent de maistrise et d'exceller.* L'on ne s'estonneront pas de ceste insolence si l'on veut voir la fin de la lettre de Monsieur de Beaugard imprimée en 1639. Ou parlant du sieur Desargues, il dit, *si vn iour l'autheur luy mesme ne m'eust dit que son broüillon surpassoit de beaucoup l'œuure d'Apolonius,* l'on auroit peine de s'imaginer qu'il y eust vn homme capable d'vne si haute folie, car Apolonius est le plus excellent géometre de l'antiquité, et l'admiration du présent; mais c'est la coustume dudit sieur de mespriser extremement ceux dont il desrobe les œuures avec dé guisement, pour mieux couurir son larcin.

Ce que dessus etant bien consideré, et que le sieur Curabelle professe l'architecture et masson-

nerie, et qu'il y a des notables erreurs à reprendre
aux œuures du sieur Desargues, afin de désabuser
le public, l'on ne se pourra ranger du costé de
ceux qui ont voulu dire, que le sieur Curabelle se
fust bien passé de faire ledit examen; qu'il est
trop piquant, et fait paroistre vne trop grande
enuie de reprendre.

En suite de ce le sieur Curabelle présenta vne
requeste à nosseigneurs de Parlement, remonstrant
que l'affaire de question ne se pouuoit traiter sommairement, veu l'importance de la matiere, ains
qu'elle meritoit d'estre meurement déliberé, il fut
dit, *soit communiqué à la partie*, ice qu'estant fait
le 12 May fut ordonné, *que les parties en viendroient au premier iour*. Et voila à quels termes
l'affaire est à présent réduite, qui a fait venir pour
le moins vn cheveu blanc au sieur Desargues, qui
esperoit, ainsi qu'il auoit commencé, d'obtenir
subrepticement et par surprise, en circonuenant
la Religion de la cour, vn arrest précipité, et à sa
poste comme deuant est dit. Ce qui fait voir qu'il
ne le desire solemnel qu'en apparence, son dessein
n'est pas de toucher au fond, ny en venir aux
effetcs, il ne demande pas, *que tant les raisons agitées des parties sur tous les articles, ensemble le*

conclud des arbitres sur chacun, soient redigez
par escrit pour estre mis au iour, afin que tant à
présent qu'à l'aduenir, vn chacun réçoiue la louange
ou confusion qu'il mérite, qui est l'vne des choses
que requiert ledit Curabelle.

Si le sieur Desargues auoit des raisons à dire,
ensemble des démonstrations conuainquantes la
moindre de celles dudit examen il ne s'y seroit
pas espargné la vérité de la géometrie ne se cache
pas, lors que l'on a des raisons à déduire, le sieur
Curabelle ne cache pas l'Examen, ou sont cottés et
demonstrés les erreurs du sieur Desargues, tout le
monde le voit; et l'on peut voir qu'en 1642 et
contre vn liure de perspectiue pratique où estoit
inserée vne cage de perspectiue dudit sieur, il ne
s'y espargna pas, il fit deux affiches, l'vne intitulée,
Erreur incroyable, etc., et l'autre, *Fautes et faus-*
selez énormes, etc., plus en auril audit an 1642 il
fit imprimer un petit liuret auec figures et démonstrations intitulé, *Six erreurs des pages,* etc.
Et en la fueille 3 dudit liure, il dit, *mais tout ainsi*
qu'il y a aussi le clair et le brun à cause de la lu-
miere et de l'ombre; il y a aussi le clair et le brun
à cause du fort et du faible. L'on l'auertit puis qu'il
a creu que le sieur Curabelle ne connoissoit rien

II.   27

en telle chose, qu'entre autre Morolyc de la lumiere et de l'ombre, luy enseignera la place de son fort et de son foible : Ce que le sieur Curabelle demonstrera amplementet autres conséquences du fort et du foible dans son optique vniuerselle, d'ou le sieur Desargues insere cette matiere risible, *que cela fait reposer, agir, respirer, viure, veiller, dormir, tant en l'illuminé qu'en l'ombre,* etc.

Et de plus le sieur Curabelle fait voir icy en moins de lignes la seconde planche de ses manieres d'arc rampant, la hauteur du sommet estant donnée.....

(Suit une démonstration assez compliquée de cette construction, avec figure. Nous croyons devoir la supprimer).

Le sieur Desargues s'attache fort sur la question de l'angle plan de l'Examen , le tient pour un grand secret et le meilleur point qu'il a à défendre : et le sieur Curabelle luy fait sçauoir, tant à luy qu'à ses supports, qu'ils ont besoin de desployer le meilleur de leur logique, pour soustenir la these scachant que τὸ Επιπεδον, signifie *superficie,* ou *plan,* et que le plan est vne espece de superficie. Et que abstractiuement superficie est maieure partie de la forme, partant substantielle ou

maieure pàrtie et a le terme de l'action qui cause
les diuerses formes : aussi nécessaire pour les
solides l'ii d'Euclide. Et la 8 defin. du premier, expliquant le premier plan formé ou terminé. Et la forme ou terme en ce cas estant le
suiet consideré sera substantiue, mais cela ne fait
pas qu'essentiellement iceluy méme plan formé ou
terminé, ne soit substantiel ou majeure partie, ce
qu'estant, en iceluy plan la forme est terminée,
donc il y a des plans terminés et non indéterminés,
et mesme simplement dits : Et par consequent la
qualité de plan est tousiours au plan, soit en forme
terminée ou non. De plus en l'architecture théorique ou pratique non plus qu'en la géometrie, l'on
n'entend iamais par le mot de plan seulement dit ;
figure de ville, de maison, ou porte, etc. Ains vne
estenduë plate, l'on peut présumer que ce soit
quelqu'vne de ces choses : mais l'on peut présumer le contraire, d'autant que l'architecture se
sert encore de plan en la section des solides, et luy
donne diuerses situations, selon que requiert la
construction de la coupe des pierres, etc. Aussi
les plans de toutes villes, maisons, etc., ne sont
pas toutes de niueau ; donc en l'architecture l'on
n'entend par le mot de plan seul, aucune figure

non plus qu'en la géometrie, etc., bien que telle
chose et autres des nom impropres ne soient pas
de conséquence aux matieres dudit examen, ainsi
que le fueillet 12 le manifeste.

Ledit Desargues prétendant se purger des fautes
commises dans ses courbes de la coupe des pierres,
s'est auisé de dire pour le mieux, qu'il n'a pas
prétendu enseigner de construire, *aucune courbe ny
figure d'assiette ny de profil*, ainsi que les 29 et 30
fueillets de ses escrits du liure de la coupe des
pierres en font mention; mais l'on luy prouuera
que tout son liure ne fait qu'enseigner à construire
tant *diuerses sortes de courbes, comme figures d'assiette et de profil, d'vn suiect proposé de section de
solide en la massonnerie.* Et de plus les courbes ne
s'estoient en partie pratiquées dans la coupe des
pierres, autrement que ledit sieur les enseigne, et
mesme qu'il y a des cas ou il est deffié luy et ses
supports de le faire autrement, et cela le fit croire
qu'en tous les cas elles ne pouuoient ou ne de-
uoient se faire autrement. Et en la 6 fueille des
figures de sondit liure, il dit, *quant à ce qui est de
creuser la doele vous trouuerez après cela que s'est
fort peu de chose.* La plus grande partie de la pratique fait voir le contraire, ainsi qu'il en est tou-

ché quelque chose dans ledit examen, et que le
pretendu peu de chose à le faire deuëment, et
plus que tout son trait.

De plus l'on fera voir qu'il a mis luy mesme en
pratique des arcs rampans defectueux, et faits a
veuë de nez sans aucun fondement, et selon sa
maniere, dans vn simple escalier d'vn particulier
de ceste ville, lequel escalier ledit sieur a exalté
extremement, et tenu pour vne chose considerable
fondé sur vne parallele aux marches, ou des marches paralleles à vne plainte toujours rampante
sans iarets au dedans d'vn chifre à iour, que des
simples ouuriers ou apareilleurs seroient honteux
de dire ou cotter; l'on luy peut faire voir consequemment telle chose estre faite en d'autres lieux
deuant, ou en même temps que le sien, sans parler
de la meilleure décoration et ordre qu'ils ont plus
que le sien, et neantmoins l'on n'en parle ny l'on
ne les cotte pas. Nous pouuons iustement comparer
ledit sieur à ces apprentifs peintres qui s'emer-
ueillent de voir de belles couleurs de bleuë de
rouge, etc., qu'ils ont couchées auec peu d'art sur
vne toile : et se persuadent que ce peintre si fameux Apelles n'a iamais rien fait de plus beau.

Le sieur Desargues estant estrangement surpris-

de son imprudence, et voulant replastrer s'il pouuoit la généralité par luy proposée en son traict de
la premiere teste, s'est ietté sur diuers moyens :
l'vn est, qu'il ne faloit, dit-il, qu'ajouter sur chacun des lits les derobemens de l'ebrasement, ainsi
que l'on fait aux cornes de vaches de l'ancienne
maniere ; Mais voyant que c'est eschapatoire n'estoit receuable, il s'est ietté sur vn autre, qui l'est
aussi peu, qui est de faire autant de diuerses de
ses opérations, comme il y aura de lits en la pièce
proposée, qui est iustement ce que le sieur Curabelle a dit au bas du fueillet ɪɪ de l'examen : ce
qu'on ne luy accorde, ayant à dire là dessus ;
maintenant considerant combien il faut de lignes
pour les diuerses opérations de chacun lit. Sans
comprendre celles des panneaux et buueau droit,
l'on pourra s'estonner auec raison de l'effronterie
du sieur Desargues qui a auancé et mis au iour,
que sa maniere cy dite a moins de lignes et d'opé-
ration de compas, que celle que le sieur Curabelle a
construite dans ledit examen ; si ledit sieur eust
preueu la restriction de la généralité de sa maniere,
et qu'il n'eust pas creu que tel cas n'estoit qu'vne
canoniere ou vne trompe tronquée, ainsi qu'il l'a
dit, il faut croire auec toute vérité que dans son

dit liure de la coupe des pierres parmy tant d'exemples qu'il y a, il en eust donné tout au moins vn de ce cas, ou tout au moins il en eust dit quelque mot, ou fait quelque remise.

Le sieur Desargues dit que le sieur Curabelle n'a pas demonstré entierement la raison des deux eschelles de frond et d'esloignement, il doit sçauoir qu'il l'a démonstrée autant qu'il le vouloit, ou que la chose le requeroit, ledit examen n'estant pas le lieu où il s'est obligé de tout dire ; mais il doit croire que par mesme construction et situation de lignes et auec 7 ou 8 seulement, le sieur Curabelle demonstrera d'vne seule proposition, tout ce que l'on pourroit souhaiter, ainsi qu'il le verra dans son optique vniuerselle ; comme aussi auec des lignes de niueau il se pourra voir comme le compas optique est pour diuerses situations et tousiours le tableau de frond, ce que plusieurs sçauent: mais il peut estre qu'ils ne le sçauoient pas obliquement. Le sieur Curabelle l'a démonstré obliquement plus tost que de frond, tant pour la raison devant dites que pour faire voir l'erreur des eschelles obliques du liuret de Perspective adressé aux théoriciens que le sieur Desargues abandonne, et ne veut maintenir, d'autant qu'il n y a pas mis

sa reconnaissance, ainsi que l'on peut voir dans le
billet du 3 mars qu'il a signé et dans son projet
d'acte cy-devant dit, et qu'il desiroit passer devant
notaire.

S'il prend bien garde à la trompe que le sieur
Curabelle lui a fait donner enuiron le 7 avril et qu'il
croye qu'il y a plus d'un an qu'elle estoit faite, j'estime qu'il pourra estre entierement desabusé de
plus dire, que ledit Curabelle a copié de ses œuures, outre qu'il y a d'autres moyens pour l'en désabuser et le faire changer de discours ; de plus il
y verra aussi de beaux fondemens de la perspectiue
et notamment pour les plans des colonnes qui se
pourront tirer tout d'vn coup, sans aucuns points
ordinaires tant avec singliot que compas eliptique.
Le sieur Desargues dit au feuillet 2 de son libel du
18 avril cy-devant dit, *que ce qu'il traite dans ses*
œuures a des certitudes euidentes par des démons-
trations géometriques et partaut indubitables : Et
consequemment, qu'vne personne qui s'entend mé-
diocrement à la géometrie, ne sçauroit avoir commis
les erreurs et les fautes, dont le sieur Curabelle fait
l'énumération dans son prétendu examen des œuures
du sieur Desargues, qu'il n'ait du tout l'entende-
ment imbécille, etc., et neantmoins il a avoüé déjà

(et sera contraint d'en auouer beaucoup d'autres)
que dans son liure de la coupe des pierres, il luy a
seulement manque de 3 lignes oubliées, en l'vne
de ses démonstration ou constructions ; et que
quand cela porteroit coup à deux ou trois fueillets,
et qu'il les faudroit arracher, cela ne touche rien
au reste de l'œuure, desquelles choses l'errata est
muet. Et veut ledit sieur que cela passe pour des
fautes d'impression.

Finalement le sieur Desargues ne doit si fort
s'attrister, ny se stomacher si le sieur Curabelle a
fait le véritable examen de ses œuures, bien que le
sieur Desargues luy donne vn autre nom, puis que
par escrit public, tant par affiches qu'autrement il
a beaucoup de fois requis les connaissances de faire
l'examen de ses œuures : l'on sçait bien qu'il a interest de dire que le sieur Curabelle n'est pas du
nombre des connaisseurs qu'il prétendoit : Neantmoins il s'est trouvé qu'il a contraint ledit Desargues et autres, de vouloir maintenir pour deffendre la fausseté de ses œuures, que les regles fondées sur la géometrie et données pour pratiquer des
arts de la qualité de ceux en question, pourueu
qu'elle approche la verité et précision, en sorte que
les sens n'aperçoivent les défauts, icelles regles

suffiront, et seront censées estre précises et véritables, d'autant disent-ils que nos sens sont les
iuges de nos opérations ; hors voyla des géometres
qui ne preschoient que la précision, reduits à vn pitoyable estat.

Le sieur Curabelle a bien voulu icy déduire quelques responces contre les faibles deffences cy-
dessus dites du sieur Desargues, afin qu'il se pré-
pare et ses suppots, à en trouuer de meilleures, et
à toucher les matieres essentielles du dedans dudit
examen, et non seulement l'exterieur et la surface
d'icelles. Toutes les choses cy-dessus dites, se ius-
tifieront par escrits signez, que collationnez par deuant notaires : comme aussi par tesmoins, si le
sieur Desargues en vouloit ignorer.

FIN.

Avoüez par I. Curabelle,

Imprimé à Paris, ce 16 inin 1644.

TABLE

DES MATIÈRES CONTENUES DANS CE DEUXIÈME VOLUME.

———

Pages

Analyse des ouvrages de Bosse. 1

— Préliminaire. 3

— Coupe des pierres, 1643. 5

— Gnomonique, 1643. 13

— Perspective, 1648. 17

— Perspective sur les surfaces irrégulières, 1653 . . . 27

— Pratiques géometrales et Perspectives, 1665 . . . 35

    — Touchant les Bas-reliefs, Extraits. 36

    — Observation sur ce passage. 46

    — Bosse sur Desargues 49

— Le peintre converty; Extraits, 1667 67

— Architecture 95

Notices sur Desargues, Extraites de la Vie de Descartes, par BAILLET, 1691. 117

Extraits divers des Lettres de Descartes 127

Diverses Notices sur Desargues. 141

    — par le P. COLONIA, 1730 143

    — par PERNETTY, 1757 147

Notice scientifique sur Desargues, par le général PONCELET, 1822. 149

Notice scientifique sur Desargues, par M. CHASLES, 1837. 158

Notice sur la Perspective d'Aleaume et Migon, 1643. . . 186

Notice sur le P. Niceron et ses Perspectives, 1646-63. . 193

    — sur Grégoire Huret et sa Perspective, 1670. . . . 203

Pages

Recueil et Extraits de divers libelles contre Desargues 219
— Le P. Dubreuil et Melchior Tavernier, 1642. . . . 221
— Diverses Méthodes universelles, etc., 1642. 227
Advis charitable, etc., 1642. 249
(1) — Au lecteur 252
(2) — Extrait d'une lettre de M. R. 255
(3) — — d'une autre lettre 256
(4) — Réponse à un ami 262
— — sur la Perspective de Desargues . . . 264
— — sur la pratique de faire des quadrans . 272
— — sur le tracé des voutes 275
(5) Examen de la maniere de faire les quadrants. . . . 307
— — — de poser le style. 326
— Méthode proposée par l'auteur de l'article ci-dessus . 349
— Notice sur Beaugrand. 353
(6) Lettre de Beaugrand sur les coniques de Desargues, 1640 355
— Observation sur cette lettre 378
Curabelle. Notice sur Curabelle, 1644. 381
— Avertissement au lecteur par CURABELLE. 383
— Analyse de son Examen de la coupe des pierres de Desargues. 384
Foiblesse pitoyable, etc., 1644. 389

FIN DE LA TABLE.

NOTA. — (Le relieur est invité à mettre les planches à leurs places respectives, dans les deux volumes.)

Sceaux. — Typographie de E. Dépés.

64

Fig. 1. p. 42

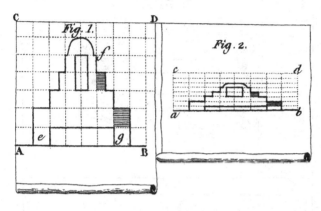

Fig. 1.

Fig. 2.

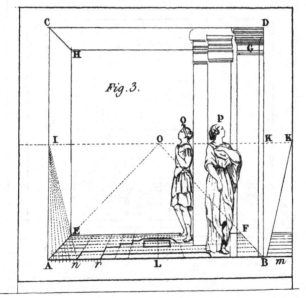

Fig. 3.

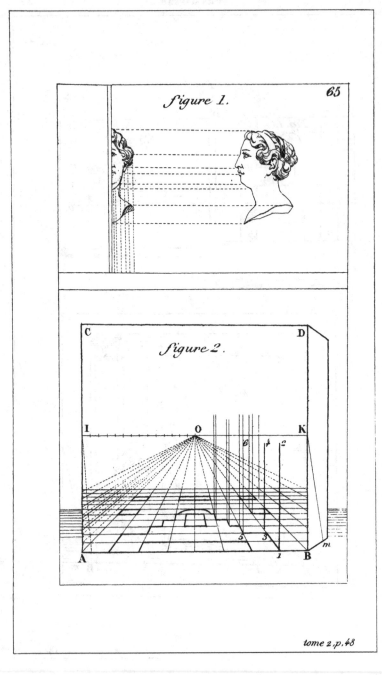

figure 1.

65

figure 2.

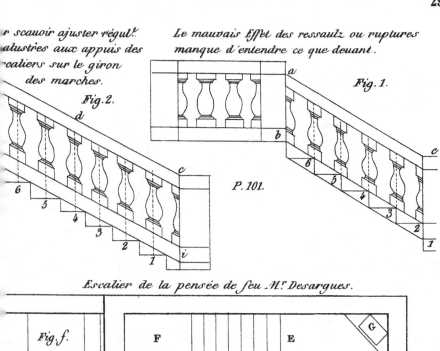

r scauoir ajuster régul.^t
alustres aux appuis des
caliers sur le giron
des marches.

Fig. 2.

Le mauvais Effet des ressaulz ou ruptures
manque d'entendre ce que deuant.

Fig. 1.

P. 101.

Escalier de la pensée de feu Mr Desargues.

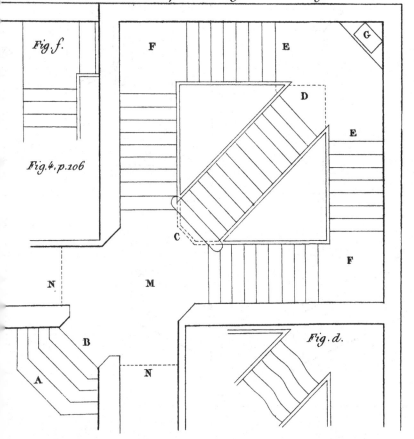

Fig. f.

Fig. 4, p.106

Fig. d.

Perron fait en l'année 1653
dans la Grande Court du Châu de Virile
en Dauphiné près de Grenoble
appartenant à
Monseigneur le Duc de l'Edignières.

P.107

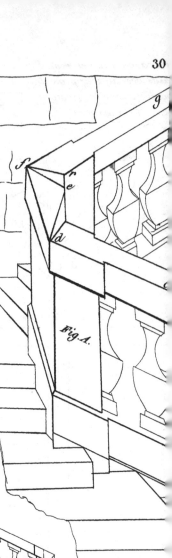

Fig. A.

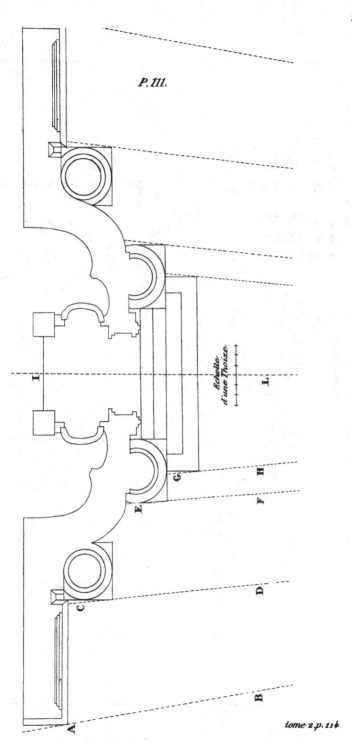

VOUS avez jcy, l'assiette d'un Portail d'Eglise, d'un Ordre Corinthien, de la pensée de fetu Mr. Desargues

P. 111.

Echelle d'une Thoise

tome 2.p.114

31

Lettre de Beaugrand

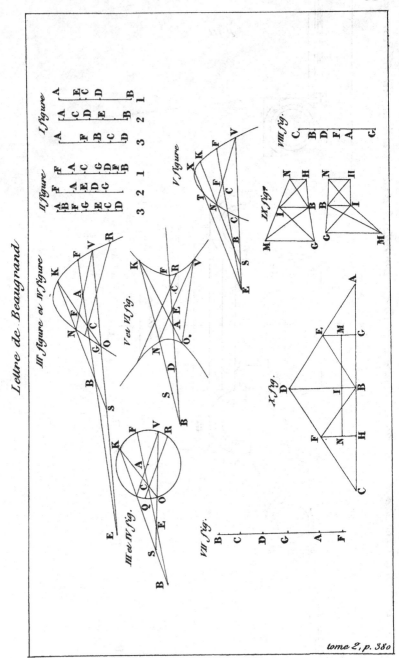

United States